UNREAD

一群数学家分蛋糕

提升逻辑力的100道谜题

[德]霍格尔·丹贝克

著

石壕 译

HOLGER DAMBECK

Das Kreuz mit dem Quadrat

北京联合出版公司
Beijing United Publishing Co.,Ltd.

一群数学家分蛋糕

[德]霍格尔·丹贝克 著

石壕 译

图书在版编目（CIP）数据

一群数学家分蛋糕 /（德）霍格尔·丹贝克著；石壕译 . -- 北京 : 北京联合出版公司 , 2025. 4. -- ISBN 978-7-5596-8250-5

Ⅰ . O1-49

中国国家版本馆 CIP 数据核字第 2025QC0869 号

Das Kreuz mit dem Quadrat.
100 schlaue Mathe-Rätsel

by Holger Dambeck

Original Title: " Das Kreuz mit dem Quadrat. 100 schlaue Mathe-Rätsel"
by Holger Dambeck
© 2024, Verlag Kiepenheuer & Witsch GmbH & Co. KG, Cologne
© SPIEGEL-Verlag Rudolf Augstein GmbH & Co. KG, Hamburg 2024
Simplified Chinese translation copyright © 2025 by United Sky (Beijing) New Media Co., Ltd.
All rights reserved including the right of reproduction in whole or in part in any form.

北京市版权局著作权合同登记号 图字：01-2025-0902 号

出 品 人	赵红仕
选题策划	联合天际·边建强
责任编辑	杨 青
特约编辑	冯姗姗 南 洋
美术编辑	程 阁
封面设计	沉清Evechan

关注未读好书

客服咨询

出 版	北京联合出版公司 北京市西城区德外大街 83 号楼 9 层 100088
发 行	未读（天津）文化传媒有限公司
印 刷	北京雅图新世纪印刷科技有限公司
经 销	新华书店
字 数	134 千字
开 本	880 毫米 ×1230 毫米 1/32 7.375 印张
版 次	2025 年 4 月第 1 版 2025 年 4 月第 1 次印刷
Ｉ Ｓ Ｂ Ｎ	978-7-5596-8250-5
定 价	55.00 元

目录

最需要的是严谨： 与逻辑相关的谜题

始终保持对称：与几何学相关的谜题

全神贯注：关于找出更聪明策略的谜题

随机的多样性：关于排列组合和概率论的谜题

自由落体运动：与物理学相关的谜题

难如登天: 给数学达人准备的难题

前言

数学谜题总是充满了惊喜。本书接下来会呈现100道数学谜题，希望读者朋友在开动脑筋尝试解出其中一题的同时，能够亲身体验它们所带来的惊喜。

我总会为每道题有着多种多样的解法而感到惊喜，这与我们在数学课上的经历大不相同。自2014年年底以来，我在《明镜》周刊网络版开设互动答题专栏"每周谜题"。与我在专栏中最初发表的解题方法相比，我的读者们经常向我提出一些更加简洁优化的方法。我也常会采纳补充不同的方法，其中一些可于本书见到。

我还体验过一种另类的惊喜——幸好并不常见——那就是我自以为已经很好地理解了某个难题，进而给出了解题方法，并将其发表于"每周谜题"。但事后发现，问题可能比我最初想象的更加棘手。有时候，我不得不对之前的解法进行修正或补充。

我在处理本书的最后一个谜题（"完美的逻辑"）时就感到特别困惑。将其发表在"每周谜题"后，有些读者对我提供的解题方法表示怀疑。于是，我重新研究了这个问题，并得出结论：确实，答案是错误的。我便对上一版解题方法做了更正。

然后，我收到了更多的电子邮件，说更正后的解题方法是错误的，原来那版才是正确的，只是解释得不够严谨。其中一位读者还向我推荐了一位数学家的一篇论文，正好涉及这个问题，我再次展开了深入研究。事实上，后面这些人的观点说服了我，我必须再次更正解题方法。这种情况我以前从未遇到过！

　　一开始，这个数学逻辑谜题对我来说似乎并不复杂：

　　阿莱娜和贝拉各自的额头上都贴着一个数字12。然而，她们都不知道自己额头上的数字是什么，只能看到对方的数字。

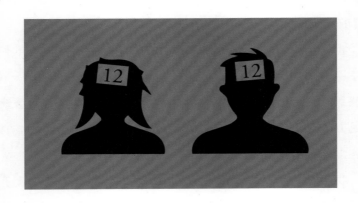

　　阿莱娜和贝拉至少知道这两个数字是大于0的自然数，并且这两个数字之和要么是24，要么是27。主持人轮流询问她们是否知道自己的数字，她们一直回答"不知道"。

　　这道题问的是，这种情况是否会一直持续下去。还是说，最终至少有一人会在多次回答"不知道"之后，弄清楚自己额头上的数字是什么。

事实上，经过几轮问答后，贝拉会知道她额头上的数字。为什么呢？你可以自己找出答案，或者查阅参考答案。

再次友情提示，第100个谜题很可能会困扰你很长一段时间，但不必为此感到沮丧。因为，即便是数学专业人士，也会被这道谜题难住。

至于其余的99道谜题，我希望不会给你带来太多困惑。

祝你解题愉快！

霍格尔·丹贝克

2023年12月

随便秒杀的小题：

可以轻松完成的热身运动

1）餐厅厨房的扫除总动员

安娜、波特和查理三人在一家餐厅的厨房工作。通常，他们三人中有两人当班，剩下一人休息。餐厅打烊后，厨师们还有很多收尾工作要做：清洁锅具、炉灶和料理台，以及碗、刀和其他烹饪器具。每个人的工作速度都不一样。

- 如果是安娜和波特当班，他们需要2小时收拾好厨房。
- 如果是波特和查理当班，他们需要3小时收拾好厨房。
- 如果是安娜和查理当班，他们需要4小时收拾好厨房。

某个星期六，他们三人首次一起当班。请问：他们需要多长时间才能把厨房收拾好？

补充说明：我们假设每天餐厅打烊后的工作量都是相同的。此外，无论他们和谁一起工作，以及有多少名厨师一起工作，每个人的工作速度都是恒定的。

2）满载矿石的货运列车

一列货运列车从汉堡港出发运输矿石到萨尔茨吉特的一家钢铁厂。列车共有40节车厢，总重5700吨。

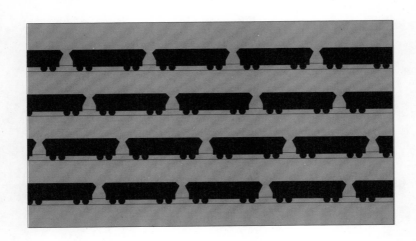

我们不知道每节车厢有多重。但是，我们知道连续三节车厢的总质量始终为430吨。请问：列车中间的两节车厢，即第20节和第21节的总质量是多少？

3）100个平方数

列出从1到100所有自然数的平方，将其中所有偶数的平方相加，再减去所有奇数的平方，算式如下所示：

$$2^2 + 4^2 + 6^2 + \cdots + 98^2 + 100^2 - 1^2 - 3^2 - 5^2 - \cdots - 97^2 - 99^2$$

请问：这个算式的结果为何？

4）这条对角线有多长？

这道题并不是很难。因此，给你1分钟来解决它，而且没有纸和笔。你能做到吗？

如下图所示，在一个四分之一圆中画一个矩形，图中标记了两个长度信息。

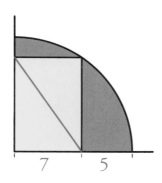

请问：矩形的对角线有多长？

5）煮出完美的鸡蛋

每个人对白煮蛋的口感偏好各异，如果喜欢吃软一点的鸡蛋，就不要煮太久，4分钟就够了。不幸的是，厨房里只有两个沙漏。一个漏完需要5分钟，另一个漏完需要8分钟。

请问：你如何利用这两个沙漏精确测量出4分钟？

6）寻找特殊的数字

一个正自然数可以被2，3和5整除，这个数字的数位和（每一位的数字相加之和）也可以被2，3和5整除。请问：符合所有这些条件的最小自然数是多少？

7）为120枚金币争吵不休的海盗

海盗通常不会遵守任何规则和法律，但公平对他们来说也很重要。"黑齿轮号"的海盗在每次掠夺后都会公平地分配战利品。所谓的"公平"，意味着每个普通海盗会获得相同数量的战利品。海盗船长的大副拿到的是普通海盗的2倍，海盗船长拿到的则是普通海盗的

5倍。

在最近一次掠夺中，海盗们抢到120枚金币。他们按照上述规则进行分配时，却发现这不可能实现，除非将金币切开。此时，有名海盗想了一个主意：取出其中一枚金币搁在一旁。结果，他们成功实现了分配，海盗船长、大副乃至每个普通海盗都很满意。他们用剩下那枚金币买了几瓶朗姆酒，为之后的庆祝活动做准备。

请问："黑齿轮号"海盗船上一共有多少名海盗（包括船长及大副）？

8）正方形里有个"十字架"

几何问题来了！为了简化思考过程，我们讨论的是一种非常规则的图形——正方形。这个正方形里有一个"十字架"，构成这个"十字架"的两条线段互相垂直，具体请参见下图。

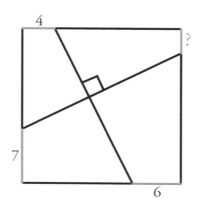

"十字架"把正方形的四条边都分为两条线段。已知其中三条线段的长度分别为4、6和7，请问：图中第四条线段的长度是多少？

9）给数学天才一鸣惊人的舞台

在一档智力竞赛节目中，参赛选手要解决一道复杂的数学计算题，并且限时1分钟。主持人简要介绍了一下流程："我们会展示一块题板，上面写有五个十位数。其中，只有一个数是某个自然数的四次方。您只有1分钟的时间来找到它！而且不允许使用计算器等辅助工具。"

"嗯，"一位参赛女士问，"我该怎么做呢？"主持人答道："我也不知道，不过您还有5分钟的思考时间。这段时间是广告时间。广告结束后，题板就会被拿到舞台上。"

这位女士经过一番思索，显然有了主意。广告结束后，她看到了题板上的五个十位数：

A. 2 342 560 826

B. 3 662 186 403

C. 4 032 758 016

D. 6 780 827 687

E. 9 116 621 874

短短10秒钟后，她就找到了答案。

请问：她是怎么做到的？

10）用质数变魔术

运用数学原理施展魔术，是魔术师纽莫瑞斯·福蒂纳长久以来的梦想。前段时间他想出了一个新的魔术套路，准备在今天的表演中尝试一下。

他问观众："谁愿意成为我接下来表演中的数字精灵？"随后，坐在第二排的一位女士举手了。

"非常感谢您协助我完成这个魔术，"福蒂纳对她说，"请您随便想一个质数，只要大于3就行。可别说出这个数字哟！"

"好的，我已经选好了。"女士说。

"很好，现在请您算出这个质数的平方，然后减去1，"魔术师说着，口中念念有词"吉姆萨拉比姆"[1]，然后道，"您会得到一个可以被24整除的数字。"

"哇——没错！"这位女士惊讶道。

她向观众公布了她选择的质数97。计算过程是：$97^2-1 = 9408$。而9408可以被24整除，因为9408可以分解为 392×24。

请问：这个魔术真的适用于任意大于3的质数吗？

11）神奇的45

我们可以将数字45分解成四个加数相加的形式，这些加数都具

---

[1] Simsalabim，魔术咒语，致敬已故著名魔术师丹特（Dante）。——译者注（如无特殊说明，本书脚注皆为译者注）

有特殊的性质。进行以下操作后，最终仍会得到同样的结果：

- 第一个加数加上2。
- 第二个加数减去2。
- 第三个加数除以2。
- 第四个加数乘以2。

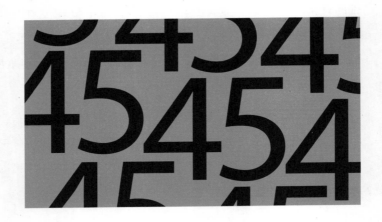

请问：这样的处理是否合理？分解出的这四个加数分别是多少？

12）每只鹅都完好无损

有个家禽批发商售卖活鹅。有一天，老板接待了四位顾客，并做了以下记录：

- 第一位顾客从商铺购买了总数一半的鹅，再加上半只鹅。
- 第一位顾客走后，第二位顾客购买了剩下的鹅的三分之一，再加上三分之一只鹅。

· 第二位顾客走后，第三位顾客购买了剩下的鹅的四分之一，再加上四分之三只鹅。

· 最后，第四位顾客购买了剩下的鹅的五分之一，再加上五分之一只鹅。

晚上，老板打烊后清点了一下库存：仓库里还有19只鹅。

即使四位顾客的需求各不相同，这份销售记录也显得不太寻常，但没有任何一只鹅被宰杀或分割。

这种情况可能吗？如果可能的话，请问：在第一位顾客到来之前，仓库里共有多少只鹅？

13）给一条绳子接上一段

不同体育项目的场地尺寸差异很大。相比之下，排球场较小，而足球场的长度通常是100米。

　　但是，有些运动的比赛场地并没有统一规定尺寸。以篮球为例，美国职业篮球联赛（NBA）的场地就与欧洲的不同。在足球比赛中，至少在低级别联赛中，场地的长宽尺寸可以有所不同。

　　这道数学谜题中的运动场地是矩形的。我们不知道它的确切尺寸。场边有一条首尾相接的绳子刚好绕场地一周，其长度恰好等于场地的周长。

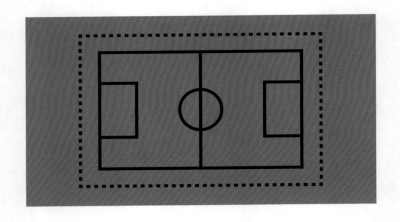

　　现在，我们将这条绳子延长1米，并将其四条边向外移动，直到它再次形成一个矩形（如图中虚线所示）。新矩形的四条边到场地边线的垂直距离都相等。

　　请问：这个垂直距离是多少？

14）是多尔特赢还是查理赢？

多尔特和查理在玩一个游戏，规则如下：他们面前的大桌子上正好有1000颗小石子。每人每回合可以从中拿走 1^2（1），2^2（4），3^2（9）或 4^2（16）颗石子。谁能最后出手将所有石子拿光，谁就是赢家。这一局由查理先开始。

请问：有没有一种策略可以确保其中一人一定可以赢？具体策略是什么？谁将赢得胜利？

绝对理性的思考：

与数字相关的精妙谜题

15）用假币购买自行车

欧洲中央银行不再发行500欧元面值的纸币，但它们仍然是有效的支付工具，甚至成了热门收藏品，在eBay等平台上的交易价格可达550 ~ 600欧元。

在下面的谜题中，一张500欧元的纸币扮演了非常重要的角色：有位顾客来到一家自行车店，购买了一辆售价350欧元的自行车。他用一张500欧元的纸币付款。由于自行车店老板没有足够的现金找零，于是去了隔壁商店，将这张500欧元的纸币换成了十张50欧元的纸币。顾客拿走其中三张（150欧元零钱），然后骑着自行车离开了。

第二天，隔壁商店的老板发现那张500欧元的纸币是假钞，于是来到自行车店，要求还钱。自行车店老板此时已经补足了现金，便退还了500欧元。如果自行车的进价是250欧元，请问：自行车店老板损失了多少钱？

16）能把智商带到别的城市吗？

如果我们可以变得越来越聪明，难道不是一件好事吗？这个谜题的主人公想为此做出贡献。但是，他并不是通过做智商测试题来提高智商，而是决定搬家。

他以前住在A市，现在决定搬到B市。他声称，这样做会提高两个城市的平均智商。

请问：这可能实现吗？

17）此时此刻到底几点了？

当来自英国的姑姑来访时，误会几乎成了常态。尤其是像下午1时30分或上午6时30分这样的时间表达方式，总是让家里的德国亲戚感到困惑。不过，玛格丽特姑姑也喜欢借机好好逗逗她的侄女和侄子。

"现在几点了？"侄女问她。

玛格丽特回答："如果你把从上一个中午算起已经过去的时间的四分之一，加上到下一个中午所剩时间的一半，就能得到此时此刻的时间。"

"嗯……那到底是上午，还是下午呢？"侄女疑惑地问。

"你想想就会弄明白的。"玛格丽特笑道。

请问：侄女问时间时，具体是几点？

18）取水大作战

每周一，村里的蓄水池都是空的，居民必须轮流从河里取水填满它，以便饲养的牲畜有足够的水喝。下周一将轮到艾格尼丝、伯恩德和查尔斯三个人去取水。

周日，他们三人聚在一起，商讨如何完成这项艰巨的任务。他们计划从早上8点开始工作，但不确定具体需要多长时间才能完成。伯恩德说："上次我和艾格尼丝一起取水，填满蓄水池一共花了4个小时。"

"是的，没错，"艾格尼丝说，"两个月前，我和查尔斯一起取水，填满蓄水池一共花了5个小时。"查尔斯回应道："你们知道的，我都70多岁了，精力大不如前，我和伯恩德一起取水那回，在填满蓄水池后，伯恩德拎着水桶来回的趟数恰好是我的两倍。"

周一早上，查尔斯如约在早上8点到达蓄水池，但就是不见艾格尼丝和伯恩德的踪影。原来，这两人因为要紧事进城去了。查尔斯只能独自完成这项工作了。

请问：查尔斯需要多长时间才能完成工作？

19）传说中的曾祖母

曾祖母伊丽莎白是个传奇人物，她能把整个家族的所有成员紧密团结在一起。假如家族中的某位成员需要一些建议时，她总会给出自己的见解。她对数字的记忆力令人印象深刻，总能非常清楚地记得任何一个侄子或孙女的生日。

曾祖母的生卒时间从数学的角度来看也非常特别。她出生于20世纪，但没能活到2000年。如果将她的生辰和忌辰都写成

"TT.M.JJ" [1] 的格式，那么从0到9的十个数字恰好各用了一次。不过，还有一个重要条件：即便其他人的生卒年转化为数字是由从0到9的十个数字组成且格式为"TT.M.JJ"，也没有人能比伊丽莎白活得更久。

请问：伊丽莎白什么时候出生，什么时候去世？

补充说明：时间格式"TT.M.JJ"表明，你所要求解的答案，其中月份一定不能是10月、11月和12月，因为表示月份的数字（M）只是一位数，同时可知表示天数的数字是两位数。

20）这些算式能成立吗？

黑板上列有十个算式，但它们显然是不完整的。等号左侧缺少必要的数学运算符号，如加号或乘号。

$$000 = 6 \qquad 555 = 6$$
$$111 = 6 \qquad 666 = 6$$
$$222 = 6 \qquad 777 = 6$$
$$333 = 6 \qquad 888 = 6$$
$$444 = 6 \qquad 999 = 6$$

---

[1] T、M、J分别是德语单词里表示日（Tag）、月（Monat）、年（Jahr）的缩写。关于题目中的时间格式，比如2024年6月18日就可以写成"18.6.24"。——编者注

你的任务是找出缺失的运算符号，让黑板上的算式得以成立。比如，在"2 2 2 = 6"中可以添两个加号，变为"2 + 2 + 2 = 6"，等式就成立了。

你可以随意选择运算符号，但不允许插入任何其他数字。运算符号只能在等号左侧添加，等号右侧始终是 6。你也可以在等号左侧添加括号改变运算顺序，或者添加开平方根等运算符号，只要这些运算符号不包含其他数字即可。

请问：这十个算式都有对应的解答吗？

21）两个乘方数比大小

给定两个乘方数 222^{333} 和 333^{222}。

请问：这两个乘方数哪个更大？你只能使用笔和纸来解决这道谜题，禁止使用计算器或电脑。

22）苏菲那年多大岁数？

苏菲非常长寿，活了很久很久。但几代人之后，人们在家庭聚会上仍会津津乐道地谈起 1898 年时有关她的一个奇妙巧合。那一年，苏菲的年龄正好等于她出生年份的数位和。

请问：1898 年时，苏菲多大岁数？

23）迷糊的收银员

施特菲没有带现金，但她带了一件不太合身的衬衫，想把它退回商店。她走进店里，把收据和衬衫交给了收银员。然而，收银员在退款时把欧元和欧分的金额搞混了，施特菲起初也没有留意这一点。

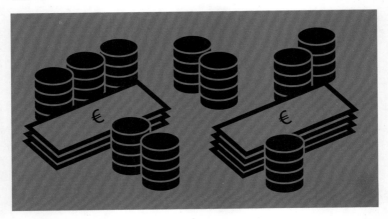

离开商店后，施特菲经过一家冰激凌店，看到一个愁眉苦脸的小男孩。小男孩想买一个冰激凌，无奈还缺5欧分。施特菲因为刚刚退掉衬衫，手里有了现金，正好可以帮助小男孩，于是给了他5欧分。

回到家后，她数了数现金，惊讶地发现钱包里的钱正好是衬衫价格的两倍。而且，她去商店退货时钱包完全是空的。

请问：这件衬衫的售价是多少钱？

24）神秘的电话号码

有三位女士此前只在网上认识，这天，她们第一次相约在一家咖啡馆里见面。她们有太多的话题想聊，因此决定尽快再聚一次。

在买单前，她们迅速交换了电话号码。她们还是更喜欢使用座机来打电话，因为都住在同一个城市，所以打电话时可以省略区号。其中一位女士仔细查看了这些电话号码，并有了惊人的发现。

三人的电话号码都是六位数，且在逻辑上都不以0开头。如果将每个号码的最后两位数字剪下来并移到开头位置，得到的新数字会变为原来的3倍。

请问：这三个电话号码分别是什么？

25）花钱也买不到的巧克力块数

安吉莉卡是一名数学老师，打算为毕业班的学生买些夹心巧克力。根据相关调查，学生们最喜欢的口味是牛轧糖夹心。

巧克力店出售三种不同包装的牛轧糖夹心巧克力，分别是6块装、9块装和20块装。

安吉莉卡希望买到的巧克力块数和毕业班的学生人数一致，但这似乎没有那么容易。如果毕业班只有17名学生，就没有合适的购买组合。然而，如果毕业班有24名学生，安吉莉卡就可以购买4盒6块装的巧克力。即便是29名学生也不成问题——20块装和9块装的各买一盒就可以了。

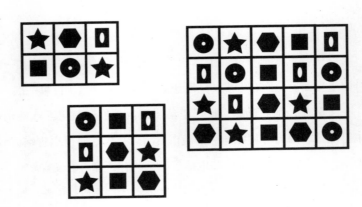

请问：安吉莉卡无法买到的巧克力块数，最大是多少？

补充说明：我们假设安吉莉卡不缺钱，想买多少就买多少。

26）求出这个数的数位和

自然数的每位数字相加之和可以帮助我们判断这个数字能否被3或9整除。如果一个数的每位数字相加之和是3或9的倍数，那么这个数本身也是3或9的倍数。下面的谜题就涉及两个自然数 a 和 b 的每位数字相加之和。

已知 a 和 b 的每位数字相加之和相同，都是62。请问：$a + b$ 的每位数字相加之和都可能等于多少呢？

$$7+9+4+9+3+6+8+5$$
$$+3+6+5+4+2+6+0+$$
$$6+8+5+3+1+3+6+4$$
$$+2+6+4+5+5+0+9+$$
$$9+4+9+3+6+8+5+3$$

27）砝码质量的最佳组合

在日常生活中，我们很少见到用天平来称重。天平的特别之处在于用它称重时需要用到多个砝码，如250克、500克和1千克的砝码。我们需要选择并放置这些砝码，直到天平平衡为止。

我们希望使用这样一个天平来称量出1千克到40千克之间每一个整千克数的质量。为此，我们可能需要多个砝码。请问：最少要用到几个砝码？这些砝码的质量分别是多少？

28）十分奇妙的数字游戏

对三名强盗来说，这次抢劫不虚此行。尽管金币的数量没超过500枚，未能达到他们的预期，但依然相当可观。

三名强盗的分赃方式十分明确：老大哈利得到一半的战利品，

老二戴夫得到三分之一，小弟萨姆得到六分之一。幸运的是，金币的数量刚好能被6整除，因此在分配战利品时不会出现任何问题。

为了好玩，他们想尝试一种不同的分配方式。他们将所有金币重新堆放在一起，然后轮流取走一些金币，直到金币全被拿光。每个人拿走的金币数量可以不同。接下来，哈利将他所拿金币的一半放回中间，戴夫放回他所拿金币的三分之一，萨姆放回他所拿金币的六分之一。

然后，这三名强盗将放回中间的金币平均分配——每人得到三分之一。这轮分配也进行得很顺利，因为放回中间的金币数量刚好能被3整除。令人惊讶的是，按照这种方法分配后，每个强盗最终得到的金币数量恰好与最初分配的完全相同。

请问：总共有多少枚金币？

最需要的是严谨：

与逻辑相关的谜题

29）迪特尔是小偷吗？

破获犯罪案件并不容易。有时候证人的记忆并不准确，犯罪嫌疑人在接受审讯时也并不经常实话实说。

我们在要讨论的名贵手表失窃案中，发现了一个特别之处：所有嫌疑人要么是声名狼藉的骗子，从来不说真话；要么就是老实人，说的都是真话。然而，仅从外表无法判断他们属于哪一类人。

迪特尔是其中一名嫌疑人，在法庭上接受审讯。

法官问他："手表失窃后，你是否曾经声称自己不是小偷？"

迪特尔回答："是的。"

法官接着问："手表失窃后，你是否曾经声称自己是小偷？"

我们不知道迪特尔的回答是什么，但可以确定他一定回答了"是的"或"没有"。此外，我们知道法官在问完这两个问题后就立即做出判决，而其只有在百分之百确定的情况下才会下论断。

请问：最后的判决结果是什么？

有这样三位女士，她们一起做自我介绍时总会引起大家的混淆。因为她们的姓氏麦埃尔（Meier）、麦耶尔（Meyer）和梅耶尔（Mayer）的发音是相同的。

不过，她们三人的职业各不相同。一位是数学家，一位是化妆师，还有一位是媒体设计师。现在需要分析出她们各自的职业。

以下四条陈述中只有一条是真的，另外三条都是假的。

• 麦埃尔（Meier）女士不是数学家。

• 麦耶尔（Meyer）女士不是化妆师。

• 麦埃尔（Meier）女士是化妆师。

• 麦耶尔（Meyer）女士不是数学家。

请问：这三位女士的职业分别是什么？

补充说明：每位女士只能有一个职业。

31）已知数列的下一数字是多少？

已知一个数列的前14个数字：

1，1，2，3，5，8，4，3，7，1，8，9，8，8，…

请问：这个数列的第15个数字是哪个数字？

32）兔子窝里的严谨逻辑

夏洛特住在一栋小型联排的别墅里。她的父母以前养过兔子，而她别墅后院的花园里也有一个养兔大棚。下面关于夏洛特的兔子有五条陈述，其中只有一条是正确的。

• 夏洛特有超过30只兔子。

• 所有的兔子都是有花斑的。

• 没有一只兔子是纯白色的。

- 兔子总数超过40只。

- 夏洛特的兔子少于50只。

请问：哪一条是正确的？

33）生活在只有大骗子和老实人的国度

贾斯敏和贾斯帕所生活的国度只有两类人：一类人总说假话，另一类人总说真话。单从外表判断不出他们是哪类人。

贾斯敏和贾斯帕在一家咖啡馆相识。见面才几分钟，贾斯敏就说了这样一句话："我相信咱俩都是经常说假话的骗子。"

我们不知道贾斯帕对这句话作何回应。请问：仅凭贾斯敏的这句话，是否足以揭示他俩各属于哪种类型的人？

34）不同寻常的算术

道格拉斯·亚当斯在他的小说《银河系漫游指南》中提到，据说42是关于生命、宇宙以及任何事情的终极答案。在我们这道谜题中，42不再是一个神秘的答案，而是与"BUS"这个词相关联，具体请参见下页图片。

另外，还有一些奇怪的关联：缩写"US"对应数字40，而"BAR"对应数字21。

如果这些关联背后存在某种严谨的逻辑，请问："DAS"这个词对应哪个数字？

35）遗失的桌游卡牌

马文的十张桌游卡牌上分别标有0到9的数字。不幸的是，这个6岁的孩子不小心弄丢了一张卡牌，但他不知道丢失的是哪一张。

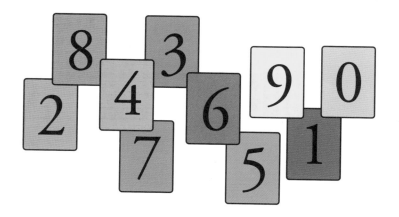

马文的妈妈知道他很喜欢解谜，而且数学也很好，便问了马文以下问题：

"你能把剩余九张卡牌分成三组，使每组卡牌上的数字之和相等吗？"

"能！"马文回答。

"要是把它们分成四组，也能做到使每组卡牌上的数字之和相等吗？"

"是的，这也可以做到。"马文说。

"现在我已经知道你丢的是哪张卡牌了。"妈妈说。

请问：你知道马文弄丢的是哪张桌游卡牌了吗？

36）下一行数字是什么？

数学家总是在试图探索并理解数字之间存在的规律。你也能试着做到吗？下面这道谜题给出了一个自然数的数列。它以1开头，然后是11和21，接下来是两个四位数以及两个六位数。

```
          1
         1 1
         2 1
       1 1 1 2
       3 1 1 2
     2 1 1 2 1 3
     3 1 2 2 1 3
           ?
```

请问：你能在这些数字中发现一个规律吗？这个数字阵列将如何继续排下去？这个数字阵列的第100行数字是什么？

37）用逻辑赢得自由

这是一起引人注目的抢劫案。三名窃贼闯入国王的宝库，偷走了珍贵的钻石。然而，他们带着赃物没走多远，城门口一名守卫就注意到了这三个扛着大袋子、形迹可疑之人，于是就把这三名窃贼送上了法庭。现在，他们将要面临长期的监禁。

然而，国王给了他们一个可以立即获得赦免的机会："每个人戴上一顶帽子，颜色要么是黑色，要么是白色。我总共有五顶帽子：三顶是黑色的，两顶是白色的。我会蒙住你们的眼睛，然后从中挑选三顶给你们戴上，其余两顶会放回箱子里。"

国王补充道："然后，你们依次前后站成一列，再取下眼罩。所有人都可以看到站在自己前面的人的帽子颜色，但看不到自己的。"

其中一个窃贼问："我们需要做什么？"

国王回答说："如果你们当中有人能说出自己帽子的颜色，你们就自由了。"

三人按照描述戴上了帽子，排成一列，随后取下眼罩。站在最后面的盗贼看到前面两个同伙的帽子后说："我不知道我帽子的颜色。"站在中间的窃贼说："我也不知道我帽子的颜色。"最后，站在最前面的窃贼说："我知道我帽子的颜色。"

请问：站在最前面的窃贼的帽子是什么颜色？

38）在埃尔福特和魏玛这两座城市间的人名乱套了

安娜、玛蒂尔达和尼娜住在图林根州。她们都是律师。这三人还有三个同名的朋友，也叫安娜、玛蒂尔达和尼娜，她们都在一家大型铁路公司工作，分别担任工程师、火车司机和列车员。

律师安娜和那名工程师家住埃尔福特，律师玛蒂尔达和那名火车司机家住魏玛，律师尼娜和那名列车员家住埃尔福特和魏玛两地之间。

和这位工程师的名字相同的律师年薪为5万欧元，而列车员的收入恰好是距离她最近的律师收入的三分之一。此外，在铁路公司工作的尼娜比火车司机高5厘米。

请问：这名列车员的名字是什么？

始终保持对称：

与几何学相关的谜题

39）四分之一圆中的半圆

给定一个半径为1的四分之一圆，在这个四分之一圆内再画一个半圆，该半圆与给定的四分之一圆共有四个交点，如下图所示。

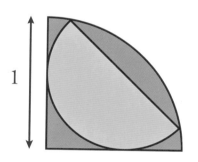

请问：这个半圆的面积是多少?

40）构建在空隙上的图形

如下页图所示，一个边长为2的小正方形周围有四个较大的正方形。每个较大的正方形都有一个顶点与小正方形的一个顶点相交。此外，这四个较大的正方形之间也存在交点。

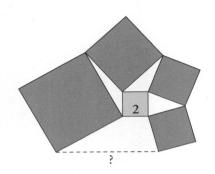

不过，这个图形的底部有一块四边形空缺区域。请问：图中虚线的长度是多少？

41）秘密的通行口令

一群擅长解谜的聪明人组建了一个俱乐部，即将举行夏日派对。董事会已经通过电子邮件发出了邀请函，其中包含一张神秘的通行卡——有一片网格状区域，上面标有两个小矩形和三个小正方形。

这张卡片有点像可以用来扫描的二维码。但是，它并不是用来扫描的。实际上，这张通行卡暗含一个秘密的通行口令，所有俱乐部成员在入场时必须说出这个口令。

请问：你能破解出这个通行口令吗？

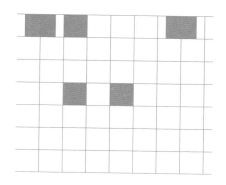

42）求解两个角的度数之和

等边三角形具有迷人的特性。比如，它们可以完美地拼接成一个无缝隙图形。将六个大小相同的等边三角形以一个共同的顶点拼接在一起，就会得到一个正六边形。

在这个谜题中，两个不同大小的等边三角形并排放置。它们的上方顶点连接到另一个三角形远端的底角，如下图所示。

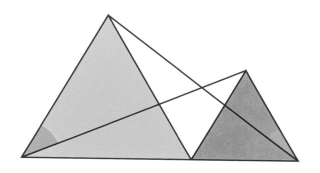

图中有两个角被标记为绿色。请问：这两个角的度数之和是多少？

43）喜欢四边形的继承人

田里的油菜花开了。这块田地呈等边三角形，与周围的绿色牧场形成了鲜明对比。油菜田的主人想把田地分成三份，这样他的每个女儿都能得到一块同样大小和形状的田地。

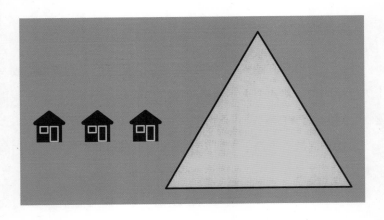

最简单的方法是将等边三角形田地的顶点与该三角形的中心连接，这样就能分割出三块大小相等的田地。然而，油菜田主人的女儿们不想要三角形的田地，她们更喜欢四边形的田地。

请问：油菜田的主人应该如何划分田地呢？

下面这道谜题已经有好几个世纪的历史了，但它的解法至今仍然令人惊讶。

有两个大小相同的正方体，你要做的是给其中一个正方体钻一个孔或开一个槽，让另一个正方体可以从这个孔中穿过。

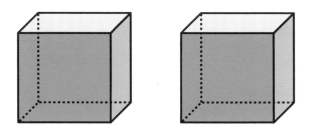

乍一看，这似乎是不可能的。但请再仔细思考一下，也许真的可以实现呢？请问：具体应该怎么做？

45）坠入爱河的甲虫们

有四只甲虫坠入爱河，心里只想着眼前的同类：它们分别位于边长为1米的正方形的四个顶点上。每只甲虫都沿顺时针方向，朝着下一个顶点上的甲虫移动。

这四只甲虫同时出发。一开始，右下角的甲虫总是朝着左下角的甲虫移动，左下角的甲虫总是朝着左上角的甲虫移动，以此类推。

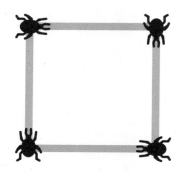

由于每只甲虫都在移动，因此它们的移动方向也在不断变化。它们沿着螺旋状路径移动，彼此之间的距离也越来越近，直到最终相遇。

请问：每只甲虫各移动了多远的距离？

补充说明：这个问题并不需要复杂的计算就可以解决。你不需要使用积分或者微分的知识。为简化问题，甲虫的大小与正方形相比可以忽略不计。

46）完美放置的半圆

一个半圆的面积是 2π，在这个半圆的右边有一个面积为 $\pi/2$ 的半圆。这两个半圆的右上方均与第三个黄色的半圆相交，如下页图所示。

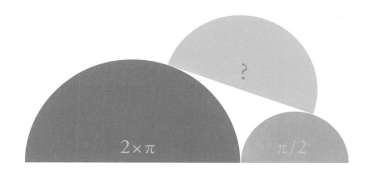

请问：图中黄色半圆的面积是多少？

补充说明：黄色半圆位于其他两个半圆的切线上，它的两个"底角"分别与其他两个半圆相交。

47）最佳射门角度

一名足球运动员沿着边线向对方半场跑去。他想在球场边线的某个位置突然起脚打门，让守门员措手不及。于是，这名球员想要找出一个最佳位置。他希望在这个位置射门时，球门出现在球员视野里的进球角度是最大的，也就是左门柱、球和右门柱三者形成的角度尽可能地大。

请问：这个最佳的射门位置在哪里呢？

补充说明：球门宽度为7.32米。球场长105米，宽68米。

48）可以拼成正方形的长方形

看到拼图被拼成完整的图画总是令人愉悦。然而，下面谜题所涉及的拼图游戏与经典的拼图游戏不同：拼图的数量相对较少，而且你可以自己决定它们的形状。

如下图所示，给定一个由五个小正方形组成的长方形。如果你可以把这个长方形拆分成四个三角形和一个小正方形，那么这五个图形就可以组合在一起拼成一个面积相同的正方形。

请问：是否有另一种方法可以把这个细长的长方形拆分成四个图形，这四个图形可以重新组合，仍然拼成一个面积相同的正方形？

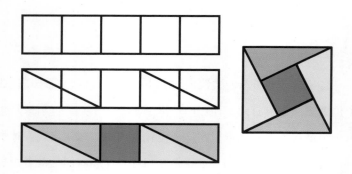

49）科学地四等分

给定一个五边形和一个六边形，如下页图所示。这个五边形是由六个大小相等的等边三角形组成的，六边形是由三个大小相等的正方形组成的。

你需要将这两个图形分别拆分成四个完全相同的图形。请问：你能做到吗？

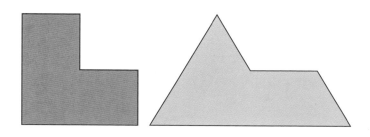

补充说明：拆分出的四个图形必须完全相同，这意味着它们能够通过旋转、翻转、平移或者将这三种几何操作组合运用，就可以相互重合。

50）如何求解一个不规则四边形的面积

计算一个不规则四边形的面积并不像计算矩形的面积那么容易。在这道谜题中，已知三个不规则四边形的面积，请算出第四个不规则四边形的面积。

这四个不规则四边形共同组成了一个矩形。矩形四条边的中点与矩形内部的一个点连接起来，从而形成四个不规则的四边形。具体请参见下页上图。

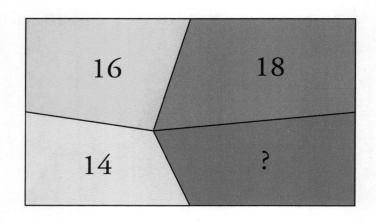

如果左下角、左上角和右上角的三个四边形的面积分别为14，16，18，请问：右下角四边形的面积是多少？

51）阴影区域的面积有多大？

一个矩形被切除了两个五边形。这两个五边形的几条边相互垂直，具体请参见下图。

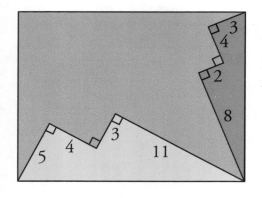

这两个五边形的四条短边的长度都是已知的，相关数值已在图中标明。

请问：矩形剩下的阴影区域的面积是多少？

52）通往蜂蜜的最短路径

一只蜜蜂可以清晰地看到杯壁上有一滴蜂蜜。不过，通往这滴蜂蜜的路径似乎并没有那么简单。这只蜜蜂正停在这个顶部开口的圆柱形玻璃杯的外侧，而这滴蜂蜜却粘在玻璃杯的内侧。现在，这只蜜蜂想沿着玻璃表面爬到这滴蜂蜜所在的位置。

请问：你能找出通往这滴蜂蜜的最短路径吗？

全神贯注:

关于找出更聪明策略的谜题

53）说出 12 月 31 日就能获胜

快点过完这一年——这是大卫和达娜想出的一个日历游戏的主题。他们轮流跟对方说一个日期，只说日和月，省略年份。谁先说出"12 月 31 日"，谁就获胜。

大卫先开始，他说出的第一个日期必须是在 1 月，比如他可以说"1 月 10 日"。接下来，达娜必须说出一个在同一年里的日期，并且这个日期必须比大卫说出的日期稍晚一些。但是，达娜并不能完全自由选择。她要说出的日期和大卫说出的日期相比，要么"月不变，日变"，比如"1 月 13 日"；要么"日不变，月变"，比如"2 月10 日"或"3 月 10 日"。

接着轮到大卫。他说出的日期必须晚于达娜所说的，并且遵循相同的规则——只能更改日或月，不能同时更改。

如果大卫从 1 月的任意一个日期开始，请问：他们两人谁可以确保说出"12 月 31 日"从而获胜？他/她需要怎么做？

54）用最低的成本获得想要的链条

你想要一条闭合的链条，并且在工具箱中找到了13段不同长度的旧链条。下面的示意图显示了这13段不同的链条，如果把它们连在一起，所得到的链条长度刚好是你想要的。

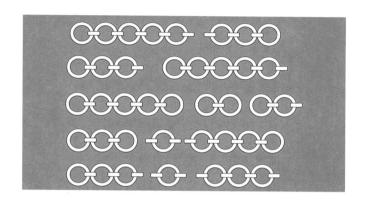

但是，连接链条是要花钱的：铁匠每打开一个环再把这个环闭合，要收取3欧元的费用。你也可以直接花36欧元购买一条符合你需求的成品链条。

请问：为了获得一条符合你需求的成品链条，最划算的方式是什么？

补充说明：链条的小环和大环都可以被铁匠打开和闭合，无论是哪种环，铁匠的操作费用均为3欧元。在成品链条中，小环和大环必须交替出现。

55）谁能拿走最后一枚硬币？

桌上有100枚硬币。贝里特和波特轮流从中拿取一定数量的硬币。谁拿到最后一枚硬币，谁就获胜。

每人拿取硬币的数量都有严格限制：贝里特一次可以拿走1～8枚硬币，波特一次可以拿走4～11枚硬币。不能一枚硬币都不拿。

请问：谁能赢得这个游戏？是否需要他/她先手，才能确保获胜？

56）用多米诺骨牌一决胜负

没有棋子的国际象棋确实毫无乐趣可言。但是，国际象棋的棋盘却是能让谜题大放异彩的理想舞台。南希和诺亚有两个不同寻常的棋盘，并非由8 × 8个格子组成，而是由7 × 7个格子组成。

南希和诺亚都需要使用2 × 1大小的多米诺骨牌完全覆盖这样

一个特殊棋盘。每个棋盘只用留出一个格子——上面已经占了一个蓝色筹码。南希要覆盖左边的棋盘，诺亚要覆盖右边的棋盘。请问：谁能够完成得更快？

57）猜数字——但是要聪明地猜

做任何事情，有一个好策略总是有帮助的。在下面的谜题中，一个好策略甚至可以帮我们省去一些不必要的问题。

你的好朋友席琳想出了一个 1 到 999 之间的数字。你不知道这个数字是多少，但可以通过提问的方式将其找出；此外，希望你提问的次数要尽可能少。

你随机选择一个数字，猜中的概率仅为 1/999。所以，你必须用提问的方式来缩小范围。

如果席琳只能回答"是"或"否"，你就可以通过提问下面的十个问题，最后找出席琳选择的数字是 84：

- 这个数字是在 1 到 501 之间吗？席琳回答：是。
- 这个数字是在 1 到 251 之间吗？席琳回答：是。
- 这个数字是在 1 到 126 之间吗？席琳回答：是。
- 这个数字是在 1 到 64 之间吗？席琳回答：否。
- 这个数字是在 65 到 95 之间吗？席琳回答：是。
- 这个数字是在 65 到 80 之间吗？席琳回答：否。
- 这个数字是在 81 到 88 之间吗？席琳回答：是。
- 这个数字是在 81 到 84 之间吗？席琳回答：是。

- 这个数字是在 81 到 82 之间吗？席琳回答：否。

- 这个数字是 83 吗？席琳回答：否。

由此可以确定，席琳选择的数字是 84。

这十个问题的问法基于所谓的"二分查找算法"[1]。简而言之，对于我们要找出的数字，我们每一次提问都可以将这个数字的取值范围缩小一半。

现在我们来解决实际的问题，如果席琳除了回答"是"或"否"，还可以回答"我不知道"，请问：你是否能够只提七个问题，就可以找出席琳选择的数字吗？

58）在五座岛屿中搜寻海盗的宝藏

德国有一句谚语，字面意思是"谨慎是瓷器箱的母亲"，想表达的含义为"小心驶得万年船"。这道谜题中的主人公就是一名谨慎的海盗，并把这句谚语奉为圭臬。这名海盗栖身于南太平洋的五座相邻岛屿中的某一座。每天晚上，他都会换一座岛屿——当前所处岛屿的左边或右边的相邻岛屿——来藏匿自己搜刮来的金银财宝，这样就没人能找到了。

---

[1]　二分查找算法（binary search algorithm）在计算机科学中也称折半搜索算法（half-interval search algorithm）、对数搜索算法（logarithmic search algorithm），是一种在有序数组中查找某一特定元素的搜索算法。这道谜题中的条件是：一共有 999 个数字，通过每次提问将取值范围缩小一半，我们一定能找出最终答案所需要的提问数量为 $\log_2 999$，计算得：$\log_2 999 \approx 9.964 \approx 10$，所以需要提出十个问题才能找到这个数字。

你驾驶着一艘大型帆船停靠在这五座岛屿附近。每天，你可以划一艘小艇前往其中一座岛屿，查看宝藏是否藏匿于该岛。因为这五座岛屿都很小，只要宝藏在某一座岛屿上，你一定可以在白天找到它。晚上，你需要赶紧离开岛屿，返回你的帆船上。

请问：是否有一种策略可以确保找到宝藏？还是说这名海盗能够防止你找到宝藏？

59）一座桥、四个人和一个手电筒

一行四人的徒步旅行团即将到达终点时，遇到了一座年久失修、令人望而生畏的旧桥，最多只能容许两个人同时通过，否则会因承重超荷而坍塌。由于天色已晚，过桥时必须带上一只手电筒。然而，他们只有一只手电筒，因此需要有人来回传递。

这四名徒步旅行者过桥的速度各不相同：

- A需要1分钟。

- B需要2分钟。

- C需要5分钟。

- D需要10分钟。

两个人一起过桥时，必须以较慢的人的速度行进。

请问：这四名徒步旅行者全部过完桥所需的最短时间是多少？

60）连续掷一枚硬币引发的赌局

很多游戏的输赢完全由运气决定，但只要应用一点点数学知识，常常可以提高获胜的概率。比如，尽管你永远无法消除偶然性的影响，但在掷骰子的时候精确计算某个点数出现的概率，或是在玩梭哈的时候精确计算桌面上盖住的底牌出现不同牌面的概率，至少从统计学的角度来看，你有更大的概率获胜。

妮娜和帕维尔想出了这样一个概率游戏，他们反复掷一枚硬币，要么正面朝上，要么反面朝上。因此，从第一次掷硬币开始，按顺序记录掷硬币的结果会产生一串随机序列，比如：反面—反面—正面—反面—正面—正面……

现在，我们把连续三次掷硬币的结果看成一个组合，每个玩家可以选定一个自己想要的组合，比如"正面—正面—反面"或者"反面—反面—反面"。哪一位玩家率先掷出自己选定的组合，就算获胜。

帕维尔决定选择的组合是"反面—正面—反面"。

请问：妮娜应该选择哪一种组合来提高自己获胜的概率？妮娜获胜的概率有多大？

61）被分成三份的正方体

找到最小值或最大值通常并不困难。但是，你听说过什么是"最小的最大值"吗？这听起来可能会令人困惑，但你马上就会明白其含义。

已知一个边长为10的正方体。我们将这个正方体切割成两个长方体，并且这两个长方体的边长都为整数。然后，我们将其中一个长方体再次切割成两个边长都为整数的长方体。长方体的六个面都是长方形。

在切割出来的这三个长方体中，有一个长方体的体积比另外两个都大，或者至少有一个长方体的体积不小于另外两个。

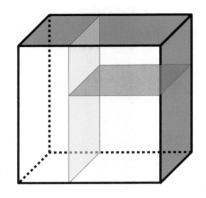

请问：这个体积最大的长方体，它体积的最小值是多少？

62）一笔画四条线穿过九个点

你肯定知道游戏"圣尼古拉斯的房子"[1]。游戏的玩法就是用八条线画出一个房子，并且在画的过程中笔不能离开纸张（要一笔画成）。下面的谜题和这个游戏大同小异。

给定一个由九个点排列出的方形点阵，具体参见下页示意图。你需要用四条直线连接这九个点，并且在画的过程中笔不能离开纸张。请问：你能做到吗？

还有一道附加题：是否有可能用三条线一笔连接这九个点？如果不行，原因是什么？

---

[1] "圣尼古拉斯的房子"（德语：Das Haus vom Nikolaus）是一个简单的儿童绘图游戏，主要流行于德国和其他国家的德语区。这个游戏是一共需要画八划，而"Das ist das Haus vom Ni ko laus"这句话正好有八个音节。孩子们只要每画一划就念出一个音节即可。从数学的角度来看，"圣尼古拉斯的房子"属于图论这一数学分支的问题。

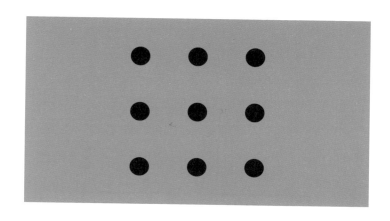

63）牢房里被锁住的两扇门

你的处境非常糟糕：你被关在一间牢房里。这间牢房有两扇门，总共有四个门闩可以从外面锁住这两扇门。每个门闩都是电动的，可以往左右两边滑动，分别锁住左门或右门。你在牢房里面，不知道外面这四个门闩的当前位置。最上面和最下面的两个门闩可能锁住了左门，中间的两个门闩可能锁住了右门，具体请参见下页示意图。但门闩也有可能处于其他位置。你唯一知道的是：这两扇门都是锁住的。因此，每扇门后面至少有一个门闩。

不过，你并非完全无计可施：牢房里面有三个按钮，通过它们你可以控制电动门闩的滑动。每次一个门闩移动后，它就会锁住旁边的另一扇门。现在，我们将四个门闩从上到下分别标记为R1、R2、R3和R4。

• 按钮A随机移动一个门闩：R1或R2或R3或R4。

• 按钮 B 随机移动两个门闩:(R1 和 R2)或(R2 和 R3)或(R3 和 R4)或(R4 和 R1)。

• 按钮 C 随机移动两个门闩:(R1 和 R3)或者(R2 和 R4)。

请问:你能逃出牢房吗? 如果可以,需要按多少次按钮? 请找到一个解决方案,可以尽可能少地按按钮,就能做到无论门闩的初始位置在哪里,你都一定能打开一扇门。

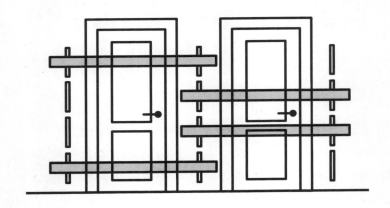

64)正面还是反面

一般来说,没有人会戴着手套、蒙着双眼坐在桌子旁的,但对下面这道谜题来说,这些措施很有必要,否则就太容易了。

桌子上有 100 枚硬币,其中 37 枚正面朝上,63 枚反面朝上。你需要将这 100 枚硬币分成两组,使得每组中正面朝上的硬币数量相同。所有 100 枚硬币必须平放在桌上,硬币不得叠放或堆叠。

由于你的眼睛被蒙住了,还戴着手套,这样一来就无法通过手指触摸来感觉硬币的正反面。

为了使任务不那么困难，你可以任意翻转这100枚硬币，即将硬币从正面翻到反面，或从反面翻到正面。但是，正如前面所述，你是无法看到或感觉到硬币的正反面的。

请问：你要如何将这100枚硬币分成两组呢？

随机的多样性：

关于排列组合和概率论的谜题

65）你们应该有很多朋友

慕尼黑是德国第三大城市。官方数据显示，截至2023年6月30日，慕尼黑共有1 578 567名居民。时至今日，当地居民数量可能又增加了，当然，也有可能减少了。

在慕尼黑，许多居民都有同住本地的朋友。当地有将近160万居民，我们并不清楚究竟有多少个当地居民有本地朋友，以及这些当地居民各有多少个本地朋友。

请问：在慕尼黑，你能证明至少有两个人拥有相同数量的本地朋友吗？

补充说明：友谊总是相互的。（如果A和B是朋友，那么B和A也是朋友。）

66）停车场中的数字游戏

一大早，菜市场已经热闹起来了。搬运货物的叉车来回穿梭，忙碌地处理着来自超市、餐馆、食堂的订单，一箱箱的生鲜货物被装载到100辆大货车上，大货车负责把这些货物配送到本埠以及周边地区。

这100辆大货车从1到100依次编号，统一停靠在菜市场大厅前面，并列排成一条长龙。随着时间的流逝，这些大货车陆陆续续都完成了自己的配送任务。但是，它们没有固定的停车位。司机会从菜市场大厅的左侧开始，把车随机并排停放。

理论上，这100辆大货车都会在同一时间返回菜市场，但由于交通拥堵或其他意外延误，导致它们返回菜市场的顺序都是随机的，因此，最终每辆大货车的停车位也是随机的。

请问：最左边的前三辆大货车的编号形成递增数列的概率是多少？比如，前三辆大货车的编号分别为26，65，81，就是一个符合题意的例子。

67）为世界解释者们找出完美的座位安排

"世界解释者[1]协会"要在一家酒店举行年度晚会。共有51位男士和51位女士来参会，他们必须围着一张大圆桌就座。

过去几年的年会表明，对每个人来说，最理想的座位就是避免坐在两位男士之间，因为协会的男性成员往往倾向于滔滔不绝地发表自己对世界的看法。虽然这确实是协会的宗旨，但大家还是希望在晚会上能放松休息一下，所有协会成员对此意见一致。

请问：要如何安排这51位女士和51位男士的座位，才能确保没有人坐在两位男士之间？

68）抽奖活动中的幸运儿和不幸者

公司要举办一年一度的抽奖活动，这在全体员工中广受欢迎，毕竟每个人都能带一个奖品回家。今年的一等奖是一台平板电脑，人力主管还准备了一些葡萄酒和毛巾作为二、三等奖的奖品。

奖品的总数正好与员工人数相等。因此，每个员工抽中的奖品要么是平板电脑，要么是毛巾，要么是葡萄酒。

尽管有些员工对把毛巾作为奖品表示不满——为什么不把平板电脑之外的奖品都设置成葡萄酒呢？不过全体员工还是参加了抽奖活动。

---

[1] "Welterklärer"翻译成中文是"世界解释者""世界解说者"。这个词在德语中常用来描述那些喜欢解释或讨论世界运作方式、政治、社会现象等话题的人。通常带有一点儿戏谑意味，暗示这些人喜欢滔滔不绝地发表他们的看法，有时显得有些自负、好卖弄知识。

海伦娜第一个抽奖，并且幸运地抽到了一等奖平板电脑。她的同事艾哈迈德第二个抽奖，抽到了三等奖毛巾。已知发生这种情况的概率为10%。

请问：人力主管一共准备了多少瓶葡萄酒作为奖品？

69）本题的重点是1000

将四个数字相加——即便不用计算器，你可能也会轻松搞定。然而，在下面的谜题中，你不仅需要应用加法，还需要应用排列组合的知识。

黑板上写有两个等式：

1000 = 2 + 6 + 68 + 924

1000 = 1 + 3 + 45 + 951

在这两个等式中，左边的数字都是1000，右边则是四个数字相

加之和。第一个等式中的四个加数都是偶数，第二个等式中的四个
加数都是奇数。

显然，无论将1000表示为四个偶数相加之和或者四个奇数相加
之和，我们都可以写出相当多个不同的等式。

请问：将1000表示为四个偶数相加之和或者四个奇数相加之和，
且所有加数都是大于0的自然数，这两种方式哪一种可以写出更多个
不同的等式？

补充说明：加数的先后顺序无关紧要。某个等式中的两个加数
互换位置并不会导致这个等式与原等式不同，从而产生一个新等式。

70）恰好有一桶还是空的

地上摆着五个桶。现有五人，每人可以将一个球随机投入一个
桶中，且每个桶可以容纳任意数量的球。

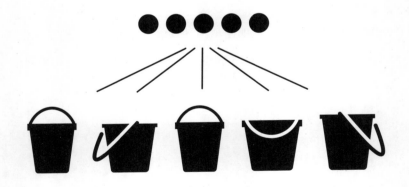

请问：这五人投完五个球后，"恰好有一桶还是空的"这个事件

发生的概率是多少?

71）五颜六色的骰子——样式数不胜数

你一定知道骰子是什么样的，它的六个面上标有 1 ~ 6 的点数。这道谜题中的骰子是彩色的，共有六种不同的颜色，六个面各涂有一种颜色，每种颜色仅出现一次。

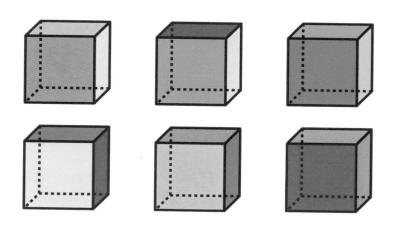

请问：这种彩色骰子一共会有多少种不同的样式？

补充说明：如果彩色骰子的两种样式通过旋转和移动都无法重合，则它们被视为不同的样式。

72）正方形"大海战"

　　玛丽亚娜和马丁在玩游戏，游戏规则和"海战棋"[1]有点像。桌子上有一个边长为5的正方形盒子，玛丽亚娜和马丁在其中各放了一张边长为1的正方形纸片。

　　在放正方形纸片的时候，玛丽亚娜和马丁都闭着眼睛，但也小心翼翼地让各自正方形纸片的边与盒子的边保持平行。玛丽亚娜先放，马丁后放。

　　请问：玛丽亚娜和马丁放置的两张正方形纸片重叠的概率是多少？

　　补充说明：两张正方形纸片完全位于盒子内部。

---

[1]　海战棋（Battleship）是一款经典的双人策略对战游戏，最早可追溯至第一次世界大战时期，当时的士兵们为了打发时间，发明了这种游戏。如今，随着时代的发展，海战棋已不再流行，但在数学和逻辑推理中作为经典题目而被广泛应用，这道谜题的解题思路就和海战棋的策略类似。

73）"车""象"大战

两枚棋子——一枚象和一枚车——随机摆放在国际象棋棋盘上。但它们不能放在同一个格子上。

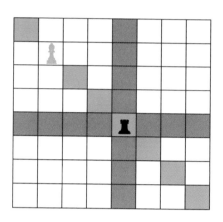

请问：其中一枚棋子能够吃掉另一枚棋子的概率是多少？

补充说明：按国际象棋的规则，车只能在棋盘的垂直方向和水平方向上直线移动，象只能在棋盘上斜线移动。

74）一共需要多少部电梯？

波特是一名建筑师，客户的奇葩要求他通常都能满足。然而，在这栋七层的新办公楼项目上，他却陷入了沉思。客户希望安装电梯，但并不是普通的电梯。因为旧办公楼的电梯在早晨上班的时段几乎每个楼层都会停靠一下，客户不希望新办公楼的电梯频繁停靠。

所有电梯从一层往上的任意一层都可以直通顶层，也就是七层。在一层到六层之间，每部电梯只能有三个停靠楼层。同时，客户还希望任何一层的乘客都可以通过电梯直接到达其他楼层，而不需要在中途换乘另外一部电梯。

请问：波特最少需要安装多少部电梯，才能满足客户的需求？

75）让数学达人来切比萨

通常情况下，人们会像切蛋糕一样切比萨：切口一定会经过圆形比萨的圆心，每切一刀就会将比萨一分为二。这样通常会产生6块或8块大小相同的比萨切片。

现在，我们不想平均分配比萨了，而是尽可能多地切成不同大小的比萨切片。因此，这些比萨切片不必大小相同。对于切法，只有两个要求：每一刀的切口必须是直线；而且在切分比萨的整个过程中，不能改变已经切好的比萨切片的位置。

请问：切 10 刀最多可以切出多少块比萨切片？

附加题：如果切 100 刀，最多可以切出多少块比萨切片？

76）玻璃饲养箱中的混乱

变色龙是一种令人着迷的生物。这种爬行动物能够改变自身的颜色。然而，它们这样做并不是为了更好地伪装自己，而是为了与同类交流。

在这道谜题中，有七只变色龙共同生活在一个玻璃饲养箱中。其中，有四只变色龙是红色的，有两只是蓝色的，还有一只是绿色的。它们只能变成红、绿、蓝三种颜色中的任意一种。

一般来说，变色龙会尽量避免互相接触。然而，如果两只不同颜色的变色龙不期而遇，它们就会同时改变自身颜色，都变成第三种颜色。比如，如果一只红色变色龙遇到了一只绿色变色龙，它们在相遇之后就会变成两只蓝色变色龙。

请问：经过一段时间，玻璃饲养箱里的所有变色龙是否可以变成同一种颜色？

附加题：如果玻璃饲养箱里面有六只红色变色龙、两只蓝色变色龙和一只绿色变色龙，经过一段时间，情况会怎样？

自由落体运动：
与物理学相关的谜题

77）哪一根条状物体是磁铁？

你可能在学校或物理实验套件中见过条形磁铁，用它可以做一些有趣的小实验。比如，你可以用一根条形磁铁推着另一根条形磁铁在桌子上滑动，而两者之间并不发生接触。只需让一根磁铁的北极靠近另一根磁铁的北极即可，因为同极之间互相排斥。

在下面的谜题中，桌子上只有一根条形磁铁，另一根条状物体是用铁制成的棒子，因此它会被磁铁吸引。

不过，你并不知道哪根是条形磁铁，哪根是铁制的棒子。而且两种物体的质量相同。

请问：在不使用任何其他工具的情况下，如何找出条形磁铁？

78）动物们的田径比赛

田径场的跑道上迎来了几位特殊的访客：一只兔子、一只狗和一只猫，它们相约在一起赛跑。每场比赛都是在两只动物之间进行的，需要绕400米长的田径场跑一圈。

兔子与狗跑第一场，结果兔子赢了。当兔子到达终点时，它领先狗20米；狗和猫跑第二场，狗以领先猫50米的优势取得了胜利。

在最后一场比赛中，兔子和猫展开对决。请问：兔子最终会以多少米的领先优势取得胜利？

补充说明：假设每只动物在每场比赛中的速度不变。

79）列车启程出发

没有涉及铁路的谜题书是不完整的！下面这道谜题就涉及一条双轨铁路，该铁路连接了城市A和城市B。

两列火车在同一时间从城市A和城市B出发，朝着相反的方向行驶。它们的速度虽然不同，但都是恒定的。

两列火车相遇时，速度较快的火车（城际特快列车）还需要1小时才能到达目的地，速度较慢的火车（动车组列车）还需要4小时才能到达。

请问：这两列火车的速度比是多少？

80）玻璃杯里面的苍蝇

把两个相同的、带盖子的玻璃杯放在一个高精度的天平上。一个玻璃杯放在左边的托盘上，另一个放在右边的托盘上。

然而，天平此时并不完全平衡，因为其中一个玻璃杯里面有只苍蝇——正好落在玻璃杯底部。

请问：如果这只苍蝇离开杯底，并在杯中一圈一圈地飞着，天平会发生什么变化？

补充说明：苍蝇不能离开它所在的玻璃杯，因为这两个玻璃杯都是密封的。

81）自驾去兜风

艾丽娅住在河边，平日里最喜欢做的事就是骑着她心爱的小摩托艇顺流而下，行驶到河中游，那里有块十分壮观的岩石。她从家出发到达那里需要20分钟。

在返回时，她必须逆流而行，但她并不会因此而加大油门。和前往岩石那里时一样，她会将油门调到相同的挡位。由于水流的影响，返程所需的时间正好是去时的两倍，也就是40分钟。

请问：如果没有水流的影响，艾丽娅从家行驶到河中游的岩石那里需要多长时间？

82）在站台上与火车转瞬即逝的邂逅

你和一个朋友站在长达380米的站台上，突然传来广播："请注意，火车正在通过。"这让你十分好奇。你和朋友都拿起了秒表，想看看能否获得一些关于这列火车的信息。

你的朋友测量了这列火车从你身边整列驶过的用时，结果是7秒。

你测量了这列火车通过整个站台的用时。从火车头抵达站台开始算起，到火车尾离开站台结束，总共用了26秒。

请问：这列火车的长度是多少？

补充说明：没有必要设立包含一个或多个未知数的复杂方程，简单的运算足以解决问题。另外，火车通过整个站台过程中的速度恒定不变。

83）用最快的速度到达目的地

一位女士和她父亲想尽快走完一段60千米的路程。他们有一辆旧自行车，每个人的骑车速度都是12千米每小时。但是，只能一个人骑车，另一个人则需要跑步前进。

他们都是长跑爱好者。这位女士的跑步速度是8千米每小时，她父亲的跑步速度是6千米每小时。他们同时出发并且希望同时到达目的地。

请问：他们最快能用多长时间到达目的地？

补充说明：骑车的那人可以直接将自行车放在路边供另一人使用，然后自己跑步前进。这段路程人迹罕至，自行车搁路边也不会被别人挪动。

84）狗追模型火车

今年卡尔收到的圣诞礼物有点大，是个能摆在花园里的巨大的火车模型。他立即开始搭建这个火车模型，然而，卡尔没有注意到他的狗对此显得非常兴奋。

这列火车由火车头和多节车厢组成，总长度为50米。火车出发前，卡尔和狗都站在火车的车尾。当火车启动时，狗就开始疯狂地奔跑，它冲到正在行驶的火车的车头，然后立即折返往火车的车尾跑去。当狗到达车尾时，火车正好行驶了50米。

我们假设火车和狗都以恒定速度做匀速直线运动，因为这个模型的轨道在超过100米的距离上都是笔直的。火车和狗几乎都是瞬间达到了各自的恒定速度——加速阶段可以忽略不计。

请问：狗总共跑了多远的距离？

85）在人工湖上的跑步训练

施特菲和莎拉在一个有环形跑道的人工湖边进行跑步训练。第一次训练的时候，她们站在一起，然后朝着相反的方向开始跑步。一分钟之后，她们在跑道上再次相遇。

第二次训练的时候，她们依然站在一起，但是这一次，她们朝着同一个方向开始跑步。一小时之后，她们才在跑道上再次相遇。

显然，施特菲和莎拉两人的跑步速度是不同的。请问：两人的速度比是多少？

补充说明：假设两人在两次训练中跑步的速度都保持不变。

86）自行车会发生什么？

自行车是一种设计巧妙的交通工具。只需很小的力气，就能让人的行进速度比走路快得多。只有在上坡和遭遇逆风时，骑自行车才可能有些困难。

不过，这道谜题中的自行车并没有人骑。它靠在一张桌子旁，可以灵活地沿着桌子边缘向前或向后移动。一个脚踏板竖直向下，另一个脚踏板竖直向上，在下面的脚踏板上系了一根绳子。你站在自行车后轮的后面，轻轻拉动绳子，就好像是要把自行车向后拉到自己身边。

请问：此时自行车的车轮是会向后滚动，向前滚动，还是纹丝不动？

补充说明：我们假设车轮与地面有良好的接触，并且不会打滑。

87）三块欧元，三个骰子

掷骰子游戏"Chuck-a-luck"见于多部电影中，比如 1952 年的《恶人牧场》和詹姆斯·邦德经典电影《007 之金枪人》。这个游戏也被称为"Birdcage"（鸟笼），因为三个骰子会装在一个笼子里面，这个笼子在每轮游戏中都要旋转一次。

游戏规则并不复杂：你可以下注 1 欧元押在六个可能的点数上面，然后同时掷出三个骰子。

• 如果你押注的数字没有出现，你将失去下的赌注。

• 如果你押注的数字出现了一次，则能收回你的赌注（1 欧元）和额外的 1 欧元，总共 2 欧元。

• 如果你押注的数字出现了两次，则能收回你的赌注和额外的 2 欧元，总共 3 欧元。

• 如果三个骰子都显示你押注的数字，则能收回你的赌注和额外的 3 欧元，总共 4 欧元。

请问：在这个游戏中，谁赢钱的概率更大？是你还是赌场？

补充说明：请尽量避免过于复杂的计算。你不必精确计算出每种情况的概率，只需证明哪一方更容易赢钱，或者这是不是一个公平的游戏即可。

88）一张CD可以穿过比它小得多的孔吗？

这道谜题有些特别，你最好拿起剪刀和纸动手操作下。你有一张A4大小的纸，纸的中间有一个开口，形状是一个旋转了45°的正方形，详见下面的示意图。

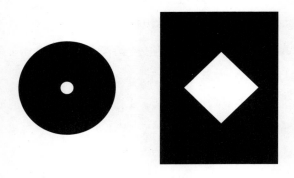

现在，你需要将一张CD从这个开口穿过去。难点在于CD的直径比正方形开口的对角线还要大。解决这个谜题时，你可以将纸张折叠或弯曲。

请问：应该怎么操作？

补充说明：这张CD的直径大约为12厘米。正方形开口的边长为7厘米，对角线约为10厘米。你也可以直接使用我们已经准备好

89）用一根意大利面如何组成一个三角形？

用硬质小麦制成的面条是很脆弱的，尤其是细长的意大利面，非常容易折断。这倒能让这种面条成为十分有趣的素材，我们可以围绕它设立一道谜题。

假设有一根细长的意大利面，我们把它随机折成三段，请问：用这三段意大利面组成一个三角形的概率有多大？

90）一个巨大无比的数和两个不能整除它的数

教授的数论讲座是从一个小游戏开始的。首先，她在黑板上写下一个巨大的数字，但我们并不知道这个数字是什么。然后，教授大声地数着在场学生的人数，要求每个学生都要记住自己被点到的数字，作为自己的编号。教授一直数到 200 才停止，也就是说，教室里一共有 200 名学生。

接下来，教授请在场所有学生用黑板上的数字除以自己的编号。如果能整除，学生就回答"是"，如果不能就回答"否"。

学生们按照编号顺序依次回答。坐在第一排最左边的那名学生毫不犹豫地回答"是"。这是理所当然的，因为他的编号是 1，而任何自然数都可以被 1 整除。

教授接下来听到的回答都是"是"，只有两个例外：两名座位相邻、号码相连的学生都回答了"否"。

请问：这两名学生的编号是多少？

91）聪明地提问

有位女士来到一座小岛上，岛上只有两类人：一类人总是说谎话，另一类人总是说真话。这两类人不能通过任何外在特征来区分。这样的设定想必你已经非常熟悉了。

这位女士在咖啡馆里遇到一位男士，她不知道这位男士属于哪类人，但可以问他一个问题，以确定其类型。

不过，这个问题必须满足一个条件：在这位女士提出问题时，她自己不能知道这个问题的正确答案，即与事实相符的答案。所以，像"1+1等于多少"这样简单的问题是行不通的。

这位女士略加思考，就露出了微笑，然后说："我知道我该问什么了。"

请问：你知道这位女士要提问什么吗？

92）修改规则前，保罗赢的次数更多

马莎和保罗两人的数字游戏规则非常简单：一个可以随机生成数字的机器会生成两个介于0到1的数字。与下页图显示的数字不同，这两个数字的小数位可以有成百上千位。这两个随机生成的数字相等的概率极低，所以我们可以忽略这种情况。

首先，机器会显示第一个数字，保罗此时必须评估第二个他尚未知道的数字是更大还是更小。如果保罗猜对了，他就可以赢得这一轮并得到一分。如果保罗猜错了，他的对手马莎就会得到一分。

保罗使用了一个简单且十分奏效的策略：如果显示的第一个数字大于（或等于）0.5，他就猜第二个数字较小。如果显示的数字小于0.5，他就猜第二个数字较大。

保罗和马莎玩了一段时间后，保罗赢的次数明显更多。为了让游戏变得更有趣，他们稍微调整了规则。马莎可以先查看所生成的两个随机数，然后选择其中一个显示给保罗。

请问：马莎应该怎样做，才能提高她的获胜概率？在这种情况下，她赢得游戏的概率是多少？在最初版本的游戏规则下，保罗赢得游戏的概率是多少？

93）用不同颜色的卡牌变戏法

桌子上有30张卡牌，共有三种不同的颜色，每种颜色各10张。我们将这些卡牌随机分成三个牌组，每个牌组都有10张卡牌，参见下面的示意图。

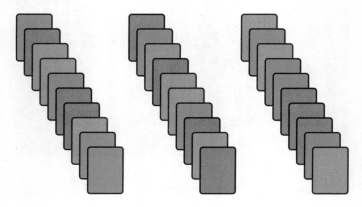

现在，你需要重新整理这些卡牌，使得每个牌组都只有一种颜色。

重新整理的步骤如下：从一个牌组中拿出一张卡牌，并将它与另一个牌组中的一张卡牌进行交换。

对于三个牌组的所有不同的卡牌组合，我们都需要为每种卡牌组合找出对应的整理方法，以最少的交换次数使每个牌组都变为同一种颜色。

请问：在所有我们找出的整理方法中，最多需要交换多少次卡牌？

94）令人惊奇的数字移位

下面这道谜题乍一看似乎很简单，但千万不要低估它！

对于某个自然数，将它最后一位数字移动到最左边作为第一位数，从而得到一个位数相同的新自然数，而这个新数字正好是原来数字的两倍。

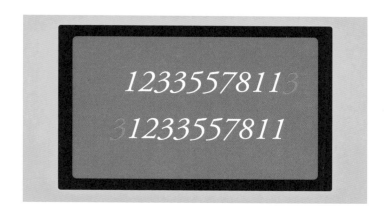

请问：在所有可进行上述数字移位的自然数中，最小的自然数是多少？

95）咖啡桌上的公平

对数学家来说，即使是在喝咖啡的休息时间，也会遇到智力挑战。一天下午，一群数学家聚集在教授的办公室——教授带来了一块大蛋糕。很显然，在场所有人都希望能够公平地切分蛋糕。

如果只有两个人或四个人，公平地切分蛋糕还是比较容易的。但是，请问：对于任意人数n，如何切分蛋糕才能保证没有人会在事后抱怨不公平呢？

补充说明：最好先从最简单的情况，即 $n = 2$ 时开始分析。

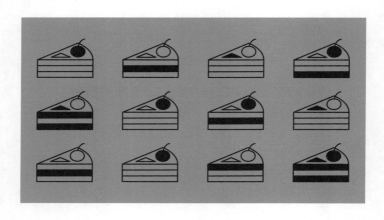

96）多一张卡片就能带来不同的结果

艾丽娅和贝雅特莉克斯各有一沓卡片。她们分别给自己的卡片按顺序编号——第一张卡片编号为1。

然后，她们分别尝试将自己的卡片摆成一排，使得相邻的卡片没有相同的数字。例如，21的旁边不能有12或15。

艾丽娅能够顺利排好她的n张卡片，没有任何问题。贝雅特莉克斯却无法做到，因为她的卡片比艾丽娅少一张，也就是她有（ $n-1$ ）张卡片。

请问：在上述条件都成立的情况下，你能找出所有可能的卡片

数量 *n* 的最小值吗？

97）每位数字都是 1

如果你饮酒过量，看到的事物可能会出现叠影。当然，也包括数字。这是"叠数"一词可能的起源理论之一。饮酒游戏则是另一种解释。例如，一个人在掷骰子的时候，如果某个点数连续出现了两次，就必须把酒干了。

这道数字谜题就与"叠数"有关。

请问：将 13 乘以一个什么样的数字，可使得乘积的每一位数字都是 1 ？总共有多少种答案？

98）完美地分割

分享并不容易，因为总会有人不太满意。在这道谜题中，你的任务是将一个圆形蛋糕对半切开。这似乎不是一个太大的挑战：直线切割的话，只需要穿过蛋糕的中心一刀切开，就可以得到两块相等的蛋糕。

这条切割线的长度与蛋糕的直径相同。请问：是否存在一条长度小于蛋糕直径的切割线，也可以将这个圆形蛋糕对半平分？

补充说明：这条切割线连接了圆形蛋糕表面边缘上的两个点，但不一定是直线。

99）食堂里的运算游戏

食堂和自助餐厅几乎已经不再收现金了。但在塞尔玛的公司，情况则有所不同：这位年轻女士总是随身带着几欧元和几欧分，这样就能轻松支付她的午餐费用了。

有一天，塞尔玛无意间惊讶地发现：她口袋里只有不到10欧元的钱。如果她将这个钱数中的三位数字重新排列，刚好与她购买午餐时花费的钱数相等。而且，如果她再次重新排列一位或者多位数字，就与她支付午餐费用之后剩下的钱数相等。

请问：塞尔玛进入食堂的时候，她的口袋里有多少钱？

补充说明：涉及钱数的这三位数字都大于0。

100）完美的逻辑

"我是谁？"是一个经典的聚会游戏。每个人的额头上都贴着一个著名人物的名字，没有人知道自己额头上的名字是什么，需要通过巧妙的提问来找出答案。

这道谜题的两个主人公阿莱娜和贝拉各自的额头上都贴了一个数字12。两人都不知道自己额头上的数字，但可以看到对方的数字。

另外，阿莱娜和贝拉还知道一些信息：这两个数字都是大于0的自然数，并且这两个数字之和要么是24，要么是27。

游戏主持人轮流询问两人："你知道你的数字是什么吗？"并且多次得到她们相同的回答：

阿莱娜："不知道。"

贝拉："不知道。"

阿莱娜："不知道。"

贝拉："不知道。"

…………

这道谜题是：阿莱娜和贝拉是否会持续不断地回答"不知道"，她们是否能够确定自己额头上的数字？

如果能够确定的话，请问：她们需要在被提问多少次后才能够知道，为什么？

参考答案

1）餐厅厨房的扫除总动员

他们三人一起收拾厨房需要花24 / 13小时，相当于1小时50分钟46秒。要得出这个结果有多种方法，我的建议如下：

我们用a，b，c表示安娜、波特、查理三人每小时的工作量，并把需要完成的总工作量设为A。则以下三个方程式成立：

$$2a + 2b = A$$
$$3b + 3c = A$$
$$4a + 4c = A$$

将这三个方程式都除以相对应的工时，下面的变式分别表示每个组合在1小时内完成的工作量：

$$a + b = \frac{A}{2}$$
$$b + c = \frac{A}{3}$$
$$a + c = \frac{A}{4}$$

再将这三个变式相加，可得：

$$2(a + b + c) = \frac{13}{12} \times A$$

现在，我们将此方程式的两边都除以 13 / 12。然后等号右边就是 A，表示他们三人需要完成的总工作量。等号左边（$a + b + c$）的系数就表示他们需要多少小时才能完成这项工作：

$$\frac{24}{13} \times (a + b + c) = A$$

2）满载矿石的货运列车

第 20 节和第 21 节车厢总重 320 吨。

假设前三节车厢的质量分别为 a，b，c，因为要保证连续三节车厢的总质量不变，那么第 4 节车厢的质量一定还是 a。以此类推，第 5 节车厢的质量为 b，第 6 节车厢的质量为 c，第 7 节车厢的质量又为 a，依次循环。

按照这个循环，车厢的质量依次为 a，b，c，并且会重复出现 13 次，直到第 39 节车厢。那么前 39 节车厢的总质量为 13 × 430 = 5590 吨。第 40 节车厢的质量为 a。由于列车总质量为 5700 吨，可知：

$$a = 5700 - 5590 = 110$$

$$b + c = 430 - a = 320$$

中间的车厢是第20节和第21节车厢。因此，它们的质量分别为 b 和 c，所以320吨就是我们所要求解的答案。

3）100个平方数

这个式子的计算结果是5050，恰好等于从1到100的所有自然数之和。找出这道谜题的答案其实并不难，我们可以先将所有自然数的平方按自然数的大小顺序排列，再应用平方差公式 $a^2 - b^2 = (a + b) \times (a - b)$ 进行变形。

$100^2 - 99^2$ 可以变形为：

$$(100 - 99) \times (100 + 99) = 100 + 99$$

要计算的式子就变形为：

$$原式 = (100 - 99) \times (100 + 99) + (98 - 97) \times (98 + 97) + \cdots + (2 - 1) \times (2 + 1)$$

由于相邻的两个自然数之差总是1，我们可以直接省略式子中的 $(100 - 99)$、$(98 - 97)$ 等差值为1的式子。这大大简化了计算过程：

原式 = 100 + 99 + 98 + 97 +⋯+ 2 + 1

我们不必逐个把从1到100的自然数都加起来，只需要使用数学家约翰·卡尔·弗里德里希·高斯在学生时代让他的老师印象颇深的运算技巧。为此，我们将100个自然数分成50对，每对的和都是101。

原式 =（100 + 1）+（99 + 2）+⋯+（51 + 50）

= 50 × 101

= 5050

4）这条对角线有多长？

这条对角线的长度为12。

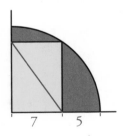

你不必应用毕达哥拉斯定理（勾股定理）或进行其他复杂的计算。只要能意识到图中矩形未画出的第二条对角线恰好相当于这个四分之一圆的半径，并且长度为7 + 5 = 12就足够了。因为矩形的两条对角线长度相同，所以12就是你要找的答案。

5）煮出完美的鸡蛋

我们同时启动两个沙漏。每当一个沙漏漏完时，就立即将它翻转过来。当8分钟的沙漏漏完两次（两个沙漏启动了16分钟）时，我们将鸡蛋放入沸水中。在两个沙漏启动20分钟后，相当于5分钟的沙漏已经漏完了4次——此时，就是将鸡蛋从水中捞出来的最佳时机。这样鸡蛋刚好煮了4分钟。

一些读者还找到了另一种方案，能够更早地煮好鸡蛋。诀窍在于，在其中一个沙漏完全漏完之前就将它翻转过来。开始的步骤与上述方法一样，同时启动两个沙漏，8分钟后将鸡蛋放入沸水中，并将8分钟的沙漏翻转过来。此时，5分钟的沙漏已被翻转过一次，并且又漏了3分钟，所以它离漏完还剩下2分钟。当5分钟的沙漏漏完时，8分钟的沙漏已经漏了2分钟。我们在5分钟的沙漏漏完时，立刻翻转8分钟的沙漏，翻转后过了2分钟，8分钟的沙漏会再次漏完。此时，鸡蛋刚好已经煮了4分钟。感谢提供这个巧妙方法的读者们！

我提出的第一种不需要翻转沙漏的解题方法可以通过反复实验得出，或者应用数论以确保找到所有可能的办法。为了精确测出4分钟，我们必须找到一个5的倍数，它比8的倍数多或者少4。

换句话说，8的倍数除以5时，余数必须为4或者–4。数学家定义了一种取模运算（符号为mod）来计算一个数字除以另一个数字时的余数。例如，21 mod 5 = 1，因为21除以5，余数是1。

对于我们要解决的沙漏问题，下面两个方程式中必有一个成立：

$$8 \times a \bmod 5 = 4$$

$$8 \times a \bmod 5 = -4$$

因为一个数除以5后余数为–4，相当于余数为1，所以我们还可以把两个方程式写成：

$$8 \times a \bmod 5 = 1$$

$$8 \times a \bmod 5 = 4$$

现在我们要找出这两个方程式的所有解。由于是8乘以a再除以5的余数，因此对于a的取值，只需要代入0到4这五个数即可。其他a的取值都是0到4这五个数加上一个5的倍数，所以不会改变a除以5的余数。我们将0到4的值代入，可以得到：

$$8 \times 0 \bmod 5 = 0 \bmod 5 = 0$$

$$8 \times 1 \bmod 5 = 8 \bmod 5 = 3$$

$$8 \times 2 \bmod 5 = 16 \bmod 5 = 1$$

$$8 \times 3 \bmod 5 = 24 \bmod 5 = 4$$

$$8 \times 4 \bmod 5 = 32 \bmod 5 = 2$$

这样正好得到两个解：当$a = 2$时，$8 \times 2 \bmod 5$的余数为1，也就是余数为–4；当$a = 3$时，$8 \times 3 \bmod 5$的余数为4。

对应的操作方法就是：当$a = 2$时，鸡蛋在$8 \times 2 = 16$分钟时放入水中煮，然后在20（也就是5×4）分钟时煮好。当 a = 3时，鸡蛋在8×3＝24分钟时刚好煮好，需要提前4（也就是5×4＝20）分钟放入水中煮。

如果我们给 a 加上5的倍数，就会出现更多可能的解。例如，a = 7时（7×8＝56，5×12＝60）和 a = 8时（5×12＝60，8×8＝64）。

6）寻找特殊的数字

符合所有条件的最小自然数是39 990。

因为这个数字及其数位和必须都能被30整除，也就是说，必须能被3和10整除。如果一个数的数位和是30的倍数，那么这个数就一定能被3整除。因为任何数字的数位和若能被3整除，则该数也能被3整除。因此，我们要找一个能被10整除且数位和为30的倍数的数。

综上所述，首先我们要找的这个数的个位数，也就是最右边的一位数字必须是0。

其次，为了使这个数尽可能小，它必须由尽可能少的位数组成。而数位和越大，所需的位数就越多，这个数字就越大。因为我们要找的这个数的数位和必须能被30整除，那么符合要求的数位和一定是30。

要使数位和达到30，我们要找的数字至少应为五位数。因为，以0结尾的四位数的数位和最多为27，即9990。

如果我们将数字3添加到9990的前面，那么所得数字的数位和正好是30。也就是说，39 990就是符合条件的最小自然数，因为首位数字的后三位数字已经尽可能地大了，并且首位数字也已经尽可能地小了。

所以，39 990就是我们要找的答案：它本身及其数位和（即30）都能被2，3和5整除。

7）为120枚金币争吵不休的海盗

"黑齿轮号"海盗船上要么有12名海盗（包括10名普通海盗、1名船长和1名大副），要么有114名海盗（包括112名普通海盗、1名船长和1名大副）。

解决这道谜题的关键在于对119进行分解质因数。如我们所见，119必须是两个自然数的乘积。假设其中一个自然数表示每名普通海盗分得的金币数，另一个表示海盗的总人数，包括船长和大副在内。

海盗船长得到的金币数是普通海盗的5倍，也就是说，他相当于5名普通海盗；他的大副得到的金币数是普通海盗的2倍，也就是说，他相当于2名普通海盗。如果p表示普通海盗的人数，我们将119除以$p + 2 + 5$，即$p + 7$，结果必为一个自然数，即普通海盗分得的金币数量。

119可以分解为两个质数7和17的乘积。此外，119还可以表示为119乘以1。因为其中一个因数必须等于$p + 7$，并且p必须大于0，所以只有两种分配方案是符合题意的：

• 当 $p + 7 = 17$ 时，10名普通海盗每人获得7枚金币，海盗船长获得35枚金币，他的大副获得14枚金币。

• 当 $p + 7 = 119$ 时，112名普通海盗每人获得1枚金币，海盗船长获得5枚金币，他的大副获得2枚金币。

8）正方形里有个"十字架"

所要求解的线段长度为3。

这个问题乍看之下似乎比较复杂，因为我们并不知道正方形的边长，所以无法计算。但幸运的是，要解这道题，不必知道正方形的边长。

具体请参见下面的示意图，我们画出两条平行于正方形两条边的平行线，这两条平行线与构成"十字架"的两条线段以及正方形对应边上的一部分线段，分别围成了一个直角三角形。因为这两个直角三角形是全等的，所以正方形对应边上的那部分线段的长度相同，都为 x。

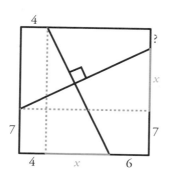

因为正方形的所有边长都相等，所以图中的两条边都被分为三条线段，这三条线段的长度和也一定相等。因此，下列等式一定成立：

$$4 + x + 6 = 7 + x + ?$$

综上，我们就能计算出所要求解的线段长度为3。

9）给数学天才一鸣惊人的舞台

答案是选项C，也就是4 032 758 016。

解决这道谜题的关键，就是先查看这五个十位数的最后一位数字，即个位数字。

对于任意一个自然数，如果它的个位数能被2整除，那么它的四次方结果一定是以数字6结尾的。

这一结论很容易证明，只需把要乘方的数表示成$10 \times a + b$的形式[1]。

由于下面的二项式定理展开公式成立：

---

[1] 这里为了讨论一个数只有个位数字能决定这个数的四次方的个位数字。我们以两位数的四次方为例，先把两位数写成$10 \times a + b$的形式，然后使用二项式定理展开$(10 \times a + b)^4 = 10\ 000 \times a^4 + 4000 \times a^3 \times b + 600 \times a^2 \times b^2 + 40 \times a \times b^3 + b^4$，其他项（除了$b^4$）的系数都至少乘以10，导致这些项的个位数字都是0，不会影响四次方的个位数字，因此可证明一个数只有个位数字能决定这个数的四次方的个位数字。

$$(10 \times a + b)^4 = 10\,000 \times a^4 + 4000 \times a^3 \times b + 600 \times a^2$$
$$\times\, b^2 + 40 \times a \times b^3 + b^4$$

$(10 \times a + b)^4$的结果的个位数字，实际上仅由个位数字b的四次方结果的个位数字来决定。因为$(10 \times a + b)^4$展开的多项式中其他的项都包含因数10。

由于2^4，4^4，6^4和8^4的结果都以数字6结尾，所以很容易推导出：对于任意一个自然数，如果它的个位数字能被2整除，那么它的四次方结果一定是以数字6结尾的。

同理可证，如果一个自然数的个位数字是1，3，7，9，那么它的四次方结果一定是以数字1结尾的。如果一个自然数的个位数字是5，那么它的四次方结果一定也是以数字5结尾的。如果一个自然数的个位数字是0，那么它的四次方结果一定也是以数字0结尾的。

综上所述，任意自然数的四次方结果一定是以0，1，5，6结尾的。因此，选项B、D、E可以直接排除，只剩下两个选项A和C。

现在，有一个特殊的规律有助于我们排除选项：偶数的四次方一定可以被4，8和16整除，所以下面的算式成立：

$$(2 \times a)^4 = 2^4 \times a^4 = 16 \times a^4$$

然而，A选项的数字不能被4整除。因为这个数字的最后两位数是26，所以它一定不能被4整除。只有当一个数字的最后两位数可以被4整除时，这个数才可以被4整除。因为这个数字百位数以上的数字都相当于100的倍数，所以百位数以上的数字所表示的数总是可以被4整除（100 / 4 = 25）。

因此，这道题的答案只能是选项C。而事实上：

$$252^4 = 4\ 032\ 758\ 016$$

10）用质数变魔术

只要是任意一个大于3的质数，这个魔术套路就一定成立。

如果我们用 p 表示观众所选的质数，那么 $p^2 - 1$ 应该总是可以被24整除。

我们运用平方差公式 $(a+b) \times (a-b) = a^2 - b^2$，将表达式 $p^2 - 1$ 分解为两个因数相乘的形式：

$$p^2 - 1 = (p+1) \times (p-1)$$

因为除了2再没有一个偶数是质数，所以 p 一定是奇数。由此可见，$p+1$ 和 $p-1$ 一定都是偶数，即可以被2整除。

$p+1$ 和 $p-1$ 这两个数中一定有一个是可以被4整除的偶数，因为相邻的两个偶数中一定有一个可以被4整除。$p+1$ 和 $p-1$ 这两个数一定可以分解为因数2和4。

此外，$p+1$ 和 $p-1$ 中一定有一个可以分解出数字3作为因数。为什么呢？因为 $p-1$，p 和 $p+1$ 是连续的三个自然数。这三个自然数中一定有一个可以被3整除，但绝对不会是p，因为p是一个大于3的质数。质数除了1和其本身，不存在其他的因数。

综上所述，我们知道$(p+1)\times(p-1)$可以分解出因数2，3和4。

由于$2\times3\times4$的结果是24。所以，对于所有大于3的质数p，p^2-1可以被24整除，这是一定成立的。

11）神奇的45

是的，确实存在这样一种分解方式，这四个加数分别是8，12，20，5。

存在四个未知数的问题似乎很棘手。但只要掌握一个简单的小技巧，就可以将四个未知数转化为一个未知数。我们用a来表示上述四个加数进行运算后得到的相同结果。

然后我们可以用含a的式子来表示这四个加数，分别为：

$$a-2,\ a+2,\ a\times2,\ \frac{a}{2}$$

因为这四个加数之和必须为45，我们可以列出方程式：

$$45=a-2+a+2+a\times2+\frac{a}{2}$$
$$45=4\times a+\frac{a}{2}$$
$$90=9\times a$$
$$a=10$$

我们再把 a 的值代入 $a-2$，$a+2$，$a \times 2$，$\dfrac{a}{2}$ 这四个式子里，就能轻松计算出四个加数：8，12，20，5。

12）每只鹅都完好无损

仓库里原有 101 只鹅。

这道谜题有多种解法，无论哪种解法都需要进行一些计算。以下是其中一种解法：如果第一位顾客购买了总数一半的鹅加上半只鹅——并且这还是一个整数，则可证明鹅的总数一定是奇数。

第二位顾客购买了剩余鹅的三分之一加上三分之一只鹅。第一位顾客走后，剩余鹅的数量必须确保除以 3 时留有余数 2，这样第二位顾客的购买只数才能是一个整数。针对所有四位顾客的购买要求，由于每个人的购买只数都是整数，根据这个条件依次考虑上一位顾客走后剩余鹅的数量，就能得出最终的答案。

或许，从最后一位顾客（第四位顾客）开始倒推会更清晰一些：前面三位顾客走后，第四位顾客购买了剩余鹅数量（x）的五分之一再加上五分之一只鹅，仓库里还有 19 只鹅。也就是说：

$$19 = x - \frac{x}{5} - \frac{1}{5}$$

将这个方程式左右两边同时乘以 5，并解出 x：

$$95 = 5x - x - 1$$

$$96 = 4x$$
$$x = 24$$

接下来看第三位顾客。前面两位顾客走后，第三位顾客购买了剩余鹅数量（方便起见，这里我们将所有的数量都设为 x）的四分之一再加上四分之三只鹅，仓库里还有 24 只鹅。

$$24 = x - \frac{x}{4} - \frac{3}{4}$$
$$99 = 3x$$
$$x = 33$$

再看第二位顾客。第一位顾客走后，第二位顾客购买了剩余鹅数量（x）的三分之一再加上三分之一只鹅，仓库里还有 33 只鹅。

$$33 = x - \frac{x}{3} - \frac{1}{3}$$
$$100 = 2x$$
$$x = 50$$

最后，第一位顾客买走了总数（x）一半的鹅再加上半只鹅，仓库里还有 50 只鹅。

$$50 = x - \frac{x}{2} - \frac{1}{2}$$
$$101 = 2x - x$$
$$x = 101$$

13）给一条绳子接上一段

这个垂直距离为12.5厘米。

绳子所围成的新矩形的四个顶点，每个顶点对于场地的四个角，都分别在垂直方向和水平方向上扩移了一段相等的距离。这些位移的距离总和一定恰好等于绳子的延长量1米。

由于新围成矩形的四个角分别在垂直方向和水平方向上各延长了一段相等的距离，总共有八段这样的距离。所以，每段距离为1/8米，即12.5厘米。

14）是多尔特赢还是查理赢？

多尔特一定可以赢。策略是这样的：在每一回合中，她拿走的石子数量与查理拿走的石子数量之和必须为10或20。

这个策略是完全可以实现的，因为1与9以及4和16加起来分别为10和20。如果查理拿走1颗石子，多尔特就拿走9颗，反之亦然。4颗和16颗的情况类似，只是两者之和不是10而是20。

每一回合后，桌子上的石子数量就会减少10颗或20颗。因此，游戏进入尾声时只可能出现两种情况：

- •轮到查理了，桌子上还有10颗石子。
- •轮到查理了，桌子上还有20颗石子。

在第一种情况下，查理只能拿走1颗、4颗或9颗石子。无论查理拿走1颗还是9颗，多尔特都会赢得胜利，她只要接下来对应地拿走9颗或1颗石子即可。如果查理拿走4颗石子，那么多尔特也要拿走4颗。这样，桌子上还剩2颗石子。查理只能拿走1颗，多尔特拿走最后1颗即可获胜。

在第二种情况中，查理可以拿走1颗、4颗、9颗或16颗石子。如果查理拿走1颗或9颗，那么多尔特需要对应地拿走9颗或1颗，桌子上就剩下10颗石子，这样就演变成了第一种情况，多尔特必将获胜。而如果查理拿走4颗或16颗石子，多尔特只要在接下来对应地拿走16颗或4颗石子即可获胜。

15）用假币购买自行车

自行车店老板亏损了400欧元。

这个答案可能会令人困惑：自行车店老板从收银机里拿出了500欧元还给隔壁商店的老板，而顾客则带着一辆售价350欧元的自行车和150欧元的零钱离开了——一共1000欧元！还是说，因为自行车的进价只有250欧元，所以自行车店老板总共损失了900欧元？

让我们从自行车店老板还给隔壁商店老板的500欧元开始分析。因为自行车店老板前一天确实从隔壁商店老板那里得到了500欧元，所以从资产负债的角度来看，归还的这500欧元并不能计作亏损。

从自行车店老板的角度来看，实际亏损只有400欧元：顾客带走了150欧元零钱以及一辆进价250欧元的自行车。虽然没有赚到自行车100欧元的利润令人遗憾，但在卖出这辆自行车前，自行车店老板并不拥有这100欧元。不曾拥有，也就谈不上失去，所以这笔钱也不能计作亏损。

16）能把智商带到别的城市吗？

没错，这个人的说法是可以实现的。德国有句谚语"在盲人中间，独眼龙也能称王"，就恰如其分地描述了这种现象。

如果一个人搬离城市A，若此人的智商低于该城市的平均智商，那么城市A的平均智商就会提高。相反，如果一个人搬到城市B，若此人的智商高于该城市原本的平均智商，那么城市B的平均智商就会提高。

这道谜题中的主人公原本生活在城市A，该城市显然住着很多非常聪明的人，他的智商要低于城市A的平均智商，但在城市B，他可以算作一个比较聪明的人，因为他的智商高于城市B的平均智商。

17）此时此刻到底几点了？

如果我们使用英式时间表示法，可以得出两种答案：时间是晚上9时36分或者上午7时12分。使用德式时间表示法的话，答案是21时36分或者7时12分。

侄女有可能知道正确答案，如果她刚起床，时间就是上午7时12分；如果太阳已经落山，时间就是晚上9时36分。

如果现在是中午12点，到下一个中午正好经过24个小时。根据玛格丽特姑姑的说法，如果当前时间是a小时，在p.m.（晚上）所表示的时间范围内，下列方程式一定成立：

$$a = \frac{a}{4} + \frac{(24 - a)}{2}$$

根据这个方程式，解出a的结果：

$$5 \times a = 48$$

$$a = 9 + \frac{3}{5}$$

$$a = 9 \text{小时} 36 \text{分钟}$$

得出的这个结果符合玛格丽特姑姑的描述。如果当前时间是晚上9时36分，从上一个中午算起已经过去的时间的四分之一恰好是2小时24分钟，再加上到下一个中午所剩时间的一半，即7小时12分钟，正好是9小时36分钟，和当前时间一致。

如果a在a.m.（早上）所表示的时间范围内，下列方程式一定成立：

$$a = \frac{(12 + a)}{4} + \frac{(12 - a)}{2}$$

$$5 \times a = 36$$

$$a = 7 + \frac{1}{5}$$

$$a = 7 \text{小时} 12 \text{分钟}$$

如果当前时间是上午7时12分，也就是说，从上一个中午算起已经过去的时间的四分之一恰好是4小时48分钟，再加上到下一个中午所剩时间的一半，即2小时24分钟，正好是7小时12分钟，和当前时间一致。

18）取水大作战

查尔斯需要20个小时才能把蓄水池填满。如果一刻都不停，他必须从早上8点一直工作到次日凌晨4点。

我们用A、B、C分别表示艾格尼丝、伯恩德和查尔斯三个人平均每小时从河流取水填入蓄水池的水量，下列方程式一定成立：

$$(A + B) \times 4 = (A + C) \times 5$$

另外，由于伯恩德的运水量是查尔斯的两倍，可得$B = 2C$，我们将其代入上面的方程式，并得到：

$$(A + 2C) \times 4 = (A + C) \times 5$$

$$A = 3C$$

其中，$(A + C) \times 5$相当于填满一次蓄水池所需的水量。我们将$A = 3C$代入其中，就会得到一个仅含未知数C的表达式：

$$(3C + C) \times 5 = C \times 20$$

这表明，查尔斯独自一人需要20个小时才能填满蓄水池。

19）传说中的曾祖母

伊丽莎白享年95岁，她生于1903年4月15日，卒于1998年7月26日。

由于时间格式为"TT.M.JJ"。为使出生年份尽可能小，去世年份尽可能大。所以0，1和9，8是表示年份的两位数字"JJ"的首选。

但是，如果出生年份选取了数字0和1，出生日期中的第一位数字只能是2或3了，而如果第一个数字为3，那么第二个数字必须是0或1，因为每月最多只有31天。然而，0和1已用于出生年份，这就是为什么不能将0和1作为年份的最终答案了。

同理可知，出生年份也不可能选取数字0和2，如果这样做了，那么其中一个日期的两位数字就必须是31了，而另一个日期的数字还必须以1，2或3开头，但这些数字已经被占用，没有多余的可用于组成另一个日期的数字了。因此，出生年份的最小可能组合是0和3。

出生日期的第一位数字是1，去世日期的第一位数字是2，以确保出生日期的数字尽可能小，而去世日期的数字尽可能大。

现在，还剩下数字4，5，6，7未被选取。我们先从月份开始选，以便让出生时间和去世时间的差值尽可能大。出生时间的月份，我们选取最小的数字4。去世时间的月份，我们选取最大的数字7。同理，我们选出最后两位数字，最终得到答案：

出生时间为15．4．03，即1903年4月15日；去世时间为26．7．98，即1998年7月26日。

20）这些算式能成立吗?

黑板上列出的十个算式都可以通过添加符号得以成立。我在答案中使用了开平方根的运算符号，该符号通常不需要写数字2，因此符合题目要求。

这十个算式的参考答案如下所示：

$$(0 ! + 0 ! + 0 !) ! = 6$$

$$(1 + 1 + 1) ! = 6$$

$$2 + 2 + 2 = 6$$

$$3 \times 3 - 3 = 6$$

$$\sqrt{4} + \sqrt{4} + \sqrt{4} = 6$$

$$5 \div 5 + 5 = 6$$

$$6 + 6 - 6 = 6$$

$$7 - 7 \div 7 = 6$$

$$8 - \sqrt{\sqrt{8+8}} = 6$$
$$9 - 9 \div \sqrt{9} = 6$$

阶乘运算有助于解决0的问题。5的阶乘是1，2，3，4和5的乘积，在数学上表示为5！= 1 × 2 × 3 × 4 × 5。根据定义，0的阶乘等于1。

对于数字8的情况，也可以考虑使用开立方根运算符号（$\sqrt[3]{8}$ × 3），但是立方根的运算符号中会出现3，根据题目要求，不允许额外添加数字，因而作罢。

21）两个乘方数比大小

结论是：222^{333} 大于 333^{222}。

我们可以运用大家都了解的乘方运算法则，巧妙地转换两个乘方数，化成相对容易比较大小的两个数字。从 333^{222} 开始：

$$333^{222} = (3 \times 111)^{222}$$
$$333^{222} = 3^{222} \times 111^{222}$$
$$333^{222} = (3^2)^{111} \times 111^{222}$$
$$333^{222} = 9^{111} \times 111^{222}$$

再来看 222^{333}：

$$222^{333} = (2 \times 111)^{333}$$

$$222^{333} = 2^{333} \times 111^{333}$$

$$222^{333} = (2^3)^{111} \times 111^{333}$$

$$222^{333} = 8^{111} \times 111^{111} \times 111^{222}$$

$$222^{333} = 888^{111} \times 111^{222}$$

转换后，两个乘方数都表示为两个因数相乘的形式，而它们都有一个因数 111^{222}。因此，另一个因数就决定了这两个乘方数哪个更大。

因为 888^{111} 远大于 9^{111}，所以 222^{333} 大于 333^{222}。

22）苏菲那年多大岁数？

苏菲当时 22 岁，她出生于 1876 年。

你可以通过穷举法不断试数，从而找到答案，但并不能确定它是这道题唯一可能的答案。

下面的解题方法更具数学意义上的美感。首先，我们知道苏菲的年龄是有上限的，因为她出生年份的数位和不可能无限增大。

如果苏菲出生在 19 世纪，那么 1889 年和 1898 年这两年是数位和最大的年份，即总和为 26。如果苏菲出生在 18 世纪，最大的数位和也是 26（1799 年）。苏菲不可能出生于 1700 年之前，否则她至少有 198 岁了。所以，26 岁其实是苏菲在 1898 年时年龄的上限。

要想求出苏菲的具体年龄，我们要参考年龄除以 9 时的余数。众所周知，一个数除以9时的余数与这个数字的数位和除以9时的余数大小相同。例如，75除以9，余数为3；75的数位和是12，12除以9，余数也为3。

我们知道苏菲的出生年份与她当时的年龄之和正好是1898。另外，苏菲当时的年龄等于她出生年份的数位和。因此，我们可以建立以下方程式：

出生年份 + 出生年份的数位和 = 1898

这个方程式左右两边除以9时的余数一定也相等。因为1890可以被9整除而没有余数，所以1898除以9时的余数是8。

出生年份除以9时的余数和出生年份的数位和除以9时的余数大小相同。又因为出生年份的数位和等于苏菲当时的年龄，所以我们还可以列出以下方程式：

苏菲当时的年龄除以9时的余数 × 2 = 1898除以9时的余数 = 8
苏菲当时的年龄除以9时的余数 = 4

这就意味着苏菲当时的年龄除以9，余数是4。

由于苏菲当时的年龄不能超过26岁，因此，符合条件的年龄是4岁、13岁和22岁。由此，我们可以轻松判断，唯一可能的答案只能是22岁。

23）迷糊的收银员

这件衬衫的售价是31欧元63欧分。

在解决这道谜题的时候，人们很容易陷入复杂的计算当中。马丁·加德纳在他的著作《我最好的数学和逻辑谜题》中介绍了一种简洁精妙的解法。加德纳起初用相对复杂的方式解决了这道谜题，但《科学美国人》杂志的读者提出了一种更巧妙的方法，并且只用到很基础的数学知识。诀窍在于：将欧分和欧元的金额分开处理。

假设这件衬衫的价格为x欧元y欧分。根据题目中给定的条件，收银员退给了施特菲y欧元和x欧分。我们知道x和y都是小于100的正自然数。

施特菲给了冰激凌店前的小男孩5欧分，所以她手头还有y欧元和（$x-5$）欧分。这恰好是衬衫价格的两倍，即$2x$欧元和$2y$欧分。

我们现在分别处理欧元和欧分的金额，并区分以下两种情况：

A. 当$y < 50$时，在这种情况下：

$$y = 2x（欧元的金额）$$
$$x - 5 = 2y（欧分的金额）$$

解得$x = -5$，但钱数不可能是负值，因此，当$y < 50$时，没有符合题意的答案。

B. 当$y \geq 50$时，在这种情况下，衬衫价格翻倍时，欧元的金额会因为欧分满100而额外增加1欧元，因此，最终欧元的金额应该是衬衫价格中欧元金额的两倍还多1欧元。

所以，我们换一种表达方式，即 $y = 50 + z$，其中 z 是小于50的正自然数。这件衬衫的价格是 x 欧元（$50 + z$）欧分，其双倍价格为 $2x$ 欧元（$100 + 2z$）欧分，即（$2x + 1$）欧元 $2z$ 欧分。

然后，施特菲从商店收银员那里获得了（$50 + z$）欧元 x 欧分的退款，回到家后发现钱包里还有（$50 + z$）欧元（$x - 5$）欧分。

现在我们分别根据欧元金额和欧分金额联立以下方程组：

$$50 + z = 2x + 1（欧元金额）$$

$$x - 5 = 2z（欧分金额）$$

$$解得 x = 31，z = 13$$

因此，这件衬衫的售价为31欧元，$z + 50 = 13 + 50 = 63$ 欧分。然后，商店的收银员退给了施特菲63欧元31欧分。斯特菲在冰激凌店给了小男孩5欧分后，她的钱包里还剩下63欧元26欧分，刚好是这件衬衫售价31欧元63欧分的两倍。这也就是我们要求解的答案！

但是，还没有结束。我们还得考虑另一种情况，以确定绝对不存在另一种符合题意的答案。如果 $x < 5$，施特菲给了小男孩5欧分后，她钱包里的欧元金额就会减少1，而剩下的欧分金额会增至90以上！我们假设 $x = 4 - a$，其中 a 的取值范围是从0到4的任意整数。

这件衬衫的售价为（$4 - a$）欧元 y 欧分。施特菲从商店得到退款 y 欧元（$4 - a$）欧分，给了小男孩5欧分后，她的钱包里还剩下（$y - 1$）欧元（$99 - a$）欧分。我们再次联立方程组。

一种情况是当 $y < 50$ 时：

$$y - 1 = 8 - 2 \times a$$
$$99 - a = 2y$$

求解方程组，会发现 a 的解是负数，但钱数不可能是负值。

另一种情况是当 $y \geqslant 50$ 时，我们也无法得到小于 100 的正自然数解。因此，上面给出的那个答案就是唯一的解。

24）神秘的电话号码

这三位女士的电话号码如下所示：

- 153846
- 230769
- 307692

我们将六位数的电话号码拆分成一个四位数字 A（左起四位数）和一个两位数字 B（最后两位数）。

那么，电话号码就可以表示为 $100 \times A + B$。

将电话号码的最后两位数字剪掉并移到号码的开头，得到的新数字表示为 $10\,000 \times B + A$。那么，下列方程式一定成立：

$$3 \times (100 \times A + B) = A + 10\,000 \times B$$
$$299 \times A = 9997 \times B$$

根据自然数的基本性质，自然数可以分解质因数，转换成质数相乘的形式。我们分别将299和9997分解质因数，就可以让方程式左右两边同时除以13：

$$13 \times 23 \times A = 13 \times 769 \times B$$
$$23 \times A = 769 \times B$$

由于方程式左右两边的结果一定是相等的自然数，因此方程式左右两边必须可以分解出相同的质因数。因为23和769都是质数，所以23一定能从 B 中分解出来，769一定能从 A 中分解出来。

我们知道 B 是一个两位数，又必须是23的倍数。那么，B 只有四种可能：23，46，69和92。

如果 B 是23，那么 A 就不是一个四位数了，所以可排除 $B = 23$ 的情况。综上所述，B 的解分别是46，69，92，相对应的 A 的解分别是 2×769，3×769 和 4×769。

25）花钱也买不到的巧克力块数

所要求解的夹心巧克力块数是43，所有比43更多的巧克力块数都可以用3，6和20的不同倍数的组合相加表示出来。

我第一时间想到的解法着重考虑的是巧克力块数的个位数字。如何用3，6和20的倍数相加的形式分别表示以1，2，3等作为个位数字的块数？不幸的是，这个思路在实际解题过程中会显得异常烦琐，所以就不再考虑它了。

换一种思路就会让问题变得简单许多。我们可以从"巧克力的块数是否能被3整除"入手。我们可以用6和9的倍数相加的形式，表示任何一个大于6且可以被3整除的数字。原因很简单：12是2个6相加，15是9加6，18是2个9相加或者3个6相加，以此类推。

当巧克力的块数不能被3整除时，余数有可能是1或2。如果余数为2，我们就可以购买一盒20块装的夹心巧克力，因为下面的算式一定成立：$20 = 18 + 2$ 和 $18 = 6 \times 3$。这样一来，虽然我们不能凑出23块夹心巧克力的组合，但是从26块开始，巧克力块数除以3余数为2的所有情况，我们都可以用一盒20块装的夹心巧克力与足够多盒数的6块装和9块装组合凑出来。原因很简单，当你将6的倍数和9的倍数相加，再加上20后的总和除以3，余数仍然为2，因为6的倍数和9的倍数都能被3整除。

如果夹心巧克力的块数除以3余数为1呢？为了凑出余数1，我们需要两盒20块装的夹心巧克力（$2 \times 20 = 40 = 39 + 1$）。同理，虽然我们不能凑出43块夹心巧克力的组合，但是从46块开始，巧克力块数除以3余数为1的所有情况，我们都可以用两盒20块装的夹心巧克力与足够多盒数的6块装和9块装组合凑出来。所以答案是43块。

26）求出这个数的数位和

    $a + b$的每位数字相加之和可以有14种不同的答案。这些答案都可以通过$124 - 9 \times k$这个公式来计算，其中k是整数，并且满足$0 \leqslant k \leqslant 13$。

    这个谜题最大的难点在于，加法运算中可能会发生进位，因此$a + b$的每位数字相加之和，相当于可能小于a的每位数字相加之和加上b的每位数字相加之和。

    我们在运用竖式笔算加法时，如果发生了进位，这个数的每位数字相加之和会首先减少10，如$6 + 7$等于13。但是，我们在笔算加法的过程中，首先只会在这一位数上写下3（每位数字相加之和从13变为3，减少了10），然后会在左边的那一位数旁边记下一个1，并在计算左边那位数的时候多加上一个1。因此，加法运算中每次发生进位之后，每位数字相加之和总共会减少$10 - 1 = 9$。

    在a和b相加的过程中，可能会发生一次或多次进位，也可能没有发生进位。如果在a和b相加的过程中没有发生进位，那么$a + b$的每位数字相加之和是$62 + 62 = 124$。由于每次进位都会使$a + b$的每位数字相加之和减少9。因此，如果发生了13次进位，$a + b$的每位数字相加之和将为$124 - 9 \times 13 = 7$。并且发生13次以上的进位在数学上是不可能的，因为这样会使$a + b$的每位数字相加之和变为负数。

    综上所述，我们得出了计算答案的公式$124 - 9 \times k$，其中k是整数，并且满足$0 \leqslant k \leqslant 13$。

    尽管我们得到了这个公式，但还是需要验证一下，这14种不同的情况是否都确实存在对应的数字 a 和 b，其中的一种情况最多发生了 13 次进位。

让我们先从发生了 13 次进位的情况开始：

数字 a = 34 444 445 555 555
数字 b = 35 555 554 444 445

数字 a 和 b 都是由 6 个 4（6 × 4 = 24）、7 个 5（7 × 5 = 35）和 1 个 3（3）组成的。这两个数字 a 和 b 的每位数字相加之和是 24 + 35 + 3 = 62。在 a 和 b 相加的过程中，恰好总共会发生 13 次进位。$a + b$ 的和是 70 000 000 000 000，每位数字相加之和为 7。所以，当 $k = 13$ 时，这种情况（也就是发生了 13 次进位的情况）是确实存在的。

对于 k 从 0 到 12 的所有取值，这些情况也都是成立的。为了验证这些情况，我们构造一个只由 5 和 1 组成的数字。这个数字的前 k 位都是数字 5，之后是 62 – 5 × k 个数字 1（例如，当 $k = 12$ 时，相当于左起有 12 个 5 后面接上 2 个 1，这个数字是 55 555 555 555 511）。将数字 a 和 b 代入，得出 a 和 b 的每位数字相加之和都是 62。当我们将数字 a 和 b 相加时，恰好会发生 k 次进位，而 k 可以取从 0 到 12 的任意整数。

这样一来，我们就证明了根据公式 124 – 9 × k，其中 k 是整数，并且满足 $0 \leqslant k \leqslant 13$，计算出的 $a + b$ 的每位数字相加之和有 14 种不同的答案，并且所有答案都存在对应的数字 a 和 b。

27）砝码质量的最佳组合

四个砝码就足够了，它们的质量分别是1，3，9，27千克。

我第一时间想到的解题方法是使用质量依次翻倍的砝码。从1千克开始，我需要六个砝码，它们的质量分别是1，2，4，8，16，32千克。通过它们，我可以称量超过40千克的质量。因为我们可以用1，2，4，8，16，32这六个数做加法，就能表示出从1到63的任意数字，只要选择适当的砝码并放在天平的托盘上，就可以称量从1千克到63千克的任意质量。例如，11千克可以用1，2，8千克的砝码组合称量出来。

但是，这并不是这道题目的最终答案。因为这些砝码并不需要全部放在一个托盘上，还可以使用天平另一侧的托盘[1]。这样一来，就可以通过将两个砝码分别放在两个托盘上的方式，从较大的质量中减去较小的质量，达到质量相减的效果，从而可以用更少的砝码实现相同的效果。

因此，我们用3的乘方数来替代2的乘方数，即1，3，9和27千克。通过1，3和9千克的砝码组合，可以称量出1到13千克的任意整数重量，具体的称量方法如下表所示。

要称量的质量	称量方法
1	1

---

[1] 在其他学科中，比如物理，使用天平时只能把待测物体放至左边托盘，砝码放至右边托盘。这里是为讨论数学问题，请大家忽略天平的具体使用规范。

要称量的质量	称量方法
2	3 - 1
3	3
4	3 + 1
5	9 - 3 - 1
6	9 - 3
7	9 + 1 - 3
8	9 - 1
9	9
10	9 + 1
11	9 + 3 - 1
12	9 + 3
13	9 + 3 + 1

如果我们用1，3，9这三个数做加减法，就能表示出1到13的任意一个数字，那么就可以用1，3，9，27这四个数做加减法表示出1到40的所有数字。这是如何做到的呢？

首先，用27依次减去从1到13的每一个数字，就能得到从14到26的所有数字。然后，再用27依次加上从1到13的每一个数字，就能得到从28到40的所有数字。

所以，我们已经知道，只需四个砝码就可以解决问题。但是，这真的是完成题目要求所需的最少数量吗？使用三个砝码是否就够了？

在称量过程中，每个砝码只有三种放置情况：要么放在天平右边的托盘里，要么放在左边的托盘里，要么不使用。因此，三个砝码共有3 × 3 × 3 = 27种放置方式。其中，我们要去掉一种放置方式，即三个砝码都没有放在任何一个托盘的情况。剩下的26种情况，我们还要再除以2，这是因为左边托盘和右边托盘对调的情况是等效的。因此，使用三个砝码时，最多只能表示13种不同的质量。

综上所述，四个砝码实际上就是满足题目要求的最少数量了。顺便说一句，通过四个砝码，最多可以表示40种连续数字的质量，因为根据上述公式，可以推导出所能称量的质量的数量，如下列公式所示：

$$\frac{3^4 - 1}{2} = \frac{81 - 1}{2} = 40$$

28）十分奇妙的数字游戏

作为战利品的金币共有282枚。

为避免被过多未知数困扰，我们需要简化计算过程。这里我们只使用两个未知数来表示：

- s 表示金币的总数。
- x 表示三名强盗将各自拿到的金币数的一半、三分之一和六分之一放回后，在第二次分配时得到的金币数量。

因为这三名强盗在分得 x 枚金币后，正好各自拥有 $s/2$、$s/3$ 和 $s/6$ 枚金币，所以他们之前各自拥有 $s/2 - x$、$s/3 - x$ 和 $s/6 - x$ 枚金币。

综上，这三名强盗一开始各自分得的金币数量如下列公式所示：

$$2 \times \left(\frac{s}{2} - x \right)$$

$$\frac{3}{2} \times \left(\frac{s}{3} - x \right)$$

$$\frac{6}{5} \times \left(\frac{s}{6} - x \right)$$

为什么是这三个公式？因为三名强盗将各自拿到的金币数的一半、三分之一和六分之一放回中间，手里面各自还有 $s/2-x$、$s/3-x$ 和 $s/6-x$ 枚金币。他们一开始从金币堆里拿走的金币数量的总和必须等于 s，因为他们依次拿取金币，直到拿光。所以，下面的方程式一定成立：

$$2 \times \left(\frac{s}{2} - x \right) + \frac{3}{2} \times \left(\frac{s}{3} - x \right) + \frac{6}{5} \times \left(\frac{s}{6} - x \right) = s$$

我们将这个方程式两边同时乘以 10，s 放在等号一边，x 放在等号另一边，可得：

$$7s = 47x$$

我们知道 s 和 x 都是整数。另外，金币总数 s 必须能被 6 整除，只有这样，原本的分赃方法（老大二分之一，老二三分之一，老三六分之一）才有可能实现。

此外，对于 s 的取值，还要考虑等号右边未知数的系数是 47。由于47是一个质数，因此，等号左边也必须分解出质因数47，s必须能被47和6整除。所以，下面的表达式一定成立：

$$s = 47 \times 6 \times d$$

其中，d是一个大于或等于1的整数。当$d = 1$时，$s = 282$。当$d = 2$时，s大于500，不符合题目要求。因此，282就是这道谜题的答案。

对于x的取值，我们可以得到：

$$x = 7 \times 6 \times d = 42$$

在最开始的分赃中，这三名强盗分别拿走了198枚、78枚和6枚金币。然后，他们各自将99枚、26枚和1枚金币放回中间，总共有126枚，而后又被三名强盗平分，每人分得42枚。这样一来，他们各自拥有141枚、94枚和47枚金币，正好对应了金币总数282枚的二分之一、三分之一和六分之一。

29）迪特尔是小偷吗？

迪特尔会被无罪释放，因为他并不是小偷。

迪特尔回答了第一个问题，即在那只手表失窃后，是否曾经声称自己不是小偷，他回答"是"。下面的表格显示了迪特尔在不同情况下可能给出的各种答案，具体取决于他是否在撒谎、是否在说实话，以及他是不是小偷。

"你是否曾经声称自己不是小偷？"

迪特尔	是小偷	不是小偷
总说真话	没有	是的或者没有
总说假话	是的或者没有	是的

简要说明一下：如果迪特尔是小偷并且总说真话，那么他的回答只能是"没有"。如果他不是小偷并且总说真话，那么他的回答可以是"是的"或者"没有"，这主要取决于他是否曾声称自己不是小偷，或者他是否没有做过这样的声明。

同样，对总说假话的人来说，如果他是小偷，那么他的回答只能是"是的"或"没有"，如果他不是小偷，那么他的回答只能是"是的"。

"你是否曾经声称自己是小偷？"

迪特尔	是小偷	不是小偷
总说真话	是的或者没有	没有
总说假话	是的	是的或者没有

我们知道，迪特尔对第一个问题的回答是"是的"，所以他不可能是一个"总说真话的小偷"。正如上面的表格所示，在第二个问题上，迪特尔仍然可能回答"是的"或者"没有"。但是，法官根据迪特尔的回答，足以判断他是不是小偷。

如果迪特尔回答"是的"，法官会知道他是一个总说假话的人，但无法确定他是不是小偷。作为小偷，他会回答"是的"，就算他不是小偷，也依然有可能回答"是的"。因此，在第二个问题上如果他回答"是的"，不足以作为可靠的评判依据。

如果他回答"没有"呢？迪特尔可能是总说真话的人并且不是小偷，也可能是总说假话的人并且不是小偷，但他绝对不可能是总说假话的小偷。（又因为迪特尔在第一个问题上回答"是的"，排除了他是一个总说真话的小偷的可能性。）

综上所述，我们得出结论：迪特尔肯定不是小偷，但我们仍然不能确定他是否说了实话。

30）三句瞎话和一句真话

麦埃尔（Meier）女士是数学家，麦耶尔（Meyer）女士是化妆师，梅耶尔（Mayer）女士是媒体设计师。

解决这类谜题，最直接的办法是找出两条相互矛盾的陈述。其中一条必定是真实的，另一条必定是错误的，否则就会产生无法自洽的矛盾。

我们来看看给定的四条陈述，其中只有一条是正确的：

- 麦埃尔（Meier）女士不是数学家。

- 麦耶尔（Meyer）女士不是化妆师。

- 麦埃尔（Meier）女士是化妆师。

- 麦耶尔（Meyer）女士不是数学家。

第二条陈述和第四条陈述不可能同时为假，因为这样一来，麦耶尔（Meyer）女士既是化妆师又是数学家。所以这两条陈述中必有一条为真，故而第一条陈述和第三条陈述必定为假。

由于第一条陈述为假，所以麦埃尔（Meier）女士是数学家。并且因为第三条陈述为假，麦埃尔女士不可能是化妆师。这并不矛盾，因为麦埃尔女士是数学家。

接下来，我们必须找出第二条陈述和第四条陈述当中，哪一条是唯一正确的陈述。这很容易判断，显然第四条陈述绝对是正确的，因为我们知道麦埃尔（Meier）女士是数学家，而非麦耶尔（Meyer）女士。因此，第二条陈述是错误的，这就意味着麦耶尔女士是一名化妆师。

题目中并没有任何关于梅耶尔（Mayer）女士的陈述，所以她的职业只能是媒体设计师了。因此：

- 麦埃尔（Meier）女士是数学家。
- 麦耶尔（Meyer）女士是化妆师。
- 梅耶尔（Mayer）女士是媒体设计师。

31）已知数列的下一数字是多少？

数列的第15个数字是7，数列如下：

1，1，2，3，5，8，4，3，7，1，8，9，8，8，7，…

该数列的前几项与著名的斐波那契数列[1]类似：每个数字是前两个数字的和。然而，第7个数字变成了4。如果这是一个斐波那契数列，那么第7个数字应该是13（5 + 8），而不是4。

但是，13和4之间存在着一种关联：4是13的数位和（1 + 3 = 4）。这就是该数列的规律：数列中的下一个数字总是等于前面两个数字相加结果的数位和。如果前面两个数字相加是个一位数，那么相加的结果与其数位和是相同的，因此，这个数列的前几项会与斐波那契数列一致。

32）兔子窝里的严谨逻辑

第五条陈述（"夏洛特的兔子少于50只"）是唯一正确的，其余陈述都是错误的。

我们现在再回顾一遍这些陈述：

- 夏洛特有超过30只兔子。
- 所有的兔子都是有花斑的。
- 没有一只兔子是纯白色的。
- 兔子总数超过40只。

---

[1] 斐波那契数列又称黄金分割数列，是由意大利数学家莱昂纳多·斐波那契（Leonardo Fibonacci）以兔子繁殖为例引入，进而提出的一种数列，故又称"兔子数列"。这个数列的特点是从第3项开始，每一项都等于前两项的和。具体来说，它的前几项是1，1，2，3，5，8，13，21，34，…。该数列在数学、现代物理、化学等领域都有直接应用，并且经常见于欧美的影视作品，比如它在《达·芬奇密码》里就是解密的重要线索。

• 夏洛特的兔子少于50只。

如果第五条陈述是错误的，则证明夏洛特至少拥有50只兔子。这样一来，第一条陈述（"夏洛特有超过30只兔子"）和第四条陈述（"兔子总数超过40只"）将会同时成立。然而，这是不可能的，因为这五条陈述中只有一条是正确的。因此，只有第五条陈述可能是正确的，其他四条一定都是错误的。

这样解释也完全合理：如果第一条陈述和第二条陈述是错误的，夏洛特最多只有30只兔子，而且不是所有的兔子都是有花斑的。另外，因为第三条陈述也是错误的，我们知道这些兔子中至少有一只必须是纯白色的。而第四条陈述也一定是错误的，因为第一条陈述已被判定是错误的，使得夏洛特最多只能有30只兔子。

33）生活在只有大骗子和老实人的国度

贾斯敏是一个总说假话的大骗子，贾斯帕是一个总说真话的老实人。

贾斯敏不可能是一个总说真话的人，否则，她的那句"我相信咱俩都是经常说假话的骗子"就是谎言。所以，贾斯敏一定是骗子。

如果贾斯敏是一个总说假话的骗子，那么她的这句话一定也是谎言。因此，他俩不可能都是总说假话的大骗子。所以贾斯帕是一个总说真话的老实人。

34）不同寻常的算术

这道题目的答案是 DAS = 24。

- US = 40
- BUS = 42
- BAR = 21
- DAS = 24

这些单词所对应的数字是由每个字母在字母表中的位置决定的，将字母位置所代表的数字相加，便可得出对应数值。拿单词 US 来说，U 是字母表中的第 21 个字母，S 是第 19 个。因此，US 的对应数字是 21 + 19 = 40。

所以，对于"DAS"，我们可以得到：4 + 1 + 19 = 24。

35）遗失的桌游卡牌

马文丢失了标有数字 9 的桌游卡牌。

由题意可知，剩余九张卡牌上的数字之和必须能被 3 整除，否则无法将这些卡牌分成三组，并且每组卡牌上的数字之和还相等；同理可知，九张卡牌上的数字之和也必须能被 4 整除。这两个条件有助于我们找到答案。

我们先来考虑数字之和被 3 整除的情况：所有十张卡牌上的数字之和是 45，且能被 3 整除。在丢失一张卡牌的情况下，剩余卡牌上的数字之和依然能被 3 整除，因此，丢失的卡牌上面的数字一定是

0，3，6，9中的一个。

我们再考虑数字之和被4整除的情况：如果丢失的是标有0，3，6中的任一张，剩余卡牌上的数字之和就不能被4整除。只有丢失的是标有数字9的卡牌，剩余卡牌上的数字之和才能被4整除。

因此，马文丢失了标有数字9的桌游卡牌，便是符合题意的唯一答案。

我们还需要验证一下剩余九张卡牌能否被分成三组和四组，并且每组卡牌上的数字之和相等。这两种情况都有对应的分组，如下所示：

分为三组，每组的数字之和都为12：

（0，4，8），（1，5，6），（2，3，7）

分为四组，每组的数字之和都为9：

（0，1，8），（2，7），（3，6），（4，5）

36）下一行数字是什么？

这个数字阵列中的下一行数字是"2 1 2 2 2 3"，第100行的数字是"2 1 3 2 2 3 1 4"。

题目中给定的前几行数字如下所示：

1

1 1

2 1

1 1 1 2

3 1 1 2

2 1 1 2 1 3

3 1 2 2 1 3

?

这个数字阵列的规律是从第二行数字开始，每个数字表示的都是上一行数字中各个数字出现的次数。我们从数列的第一行数字，即1开始分析。确定下一行数字时，我们先从小到大写下在上一行数字中出现的每个数字，再在出现的各个数字前面写下该数字在上一行出现的次数，即出现1个1。因此，第二行的数字就是11。

第二行数字11由数字1出现了两次组成，即2个1。按照我们总结的规律，下一行数字就是21。21中数字1出现了一次，数字2出现了一次，也就是1个1和1个2。所以第四行数字是1112。下列表格显示了数字阵列的前14行数字。

数字	数字的组成	下一个数字
1	1个1	11
11	2个1	21
21	1个1和1个2	1112
1112	3个1和1个2	3112

数字	数字的组成	下一个数字
3 1 1 2	2个1和1个2和1个3	2 1 1 2 1 3
2 1 1 2 1 3	3个1和2个2和1个3	3 1 2 2 1 3
3 1 2 2 1 3	2个1和2个2和2个3	2 1 2 2 2 3
2 1 2 2 2 3	1个1和4个2和1个3	1 1 4 2 1 3
1 1 4 2 1 3	3个1和1个2和1个3和1个4	3 1 1 2 1 3 1 4
3 1 1 2 1 3 1 4	4个1和1个2和2个3和1个4	4 1 1 2 2 3 1 4
4 1 1 2 2 3 1 4	3个1和2个2和1个3和2个4	3 1 2 2 1 3 2 4
3 1 2 2 1 3 2 4	2个1和3个2和2个3和1个4	2 1 3 2 2 3 1 4
2 1 3 2 2 3 1 4	2个1和3个2和2个3和1个4	2 1 3 2 2 3 1 4
2 1 3 2 2 3 1 4	2个1和3个2和2个3和1个4	2 1 3 2 2 3 1 4

如此，我们也就知道第100行数字是什么了。因为这个数字阵列从第12行数字开始，之后每一行数字都不再发生任何变化，于是第100行的数字仍为"2 1 3 2 2 3 1 4"。

37）用逻辑赢得自由

站在最前面的窃贼戴着一顶黑色帽子。

站在最后面的窃贼能看到他前面两个同伙的帽子。如果这两顶帽子都是白色的，他就能确定自己的帽子是黑色的，因为只有两顶白色帽子。然而，这个窃贼表示他无法确定自己帽子的颜色，这意味着他看到的至少有一顶是黑色帽子。

站在中间的窃贼也表示他无法确定自己帽子的颜色。这意味着他看到前面同伙戴的帽子一定是黑色的。如果前面同伙戴的是白色帽子，那么中间的窃贼就能确定自己的帽子一定是黑色的，毕竟站在最后面的窃贼已经看到了至少一顶黑色帽子。

同样的推理也会被站在最前面的窃贼考虑到。通过后面两名同伙的表态，他可以推断出自己戴的是一顶黑色帽子。

38）在埃尔福特和魏玛这两座城市间的人名乱套了

这名列车员的名字叫尼娜。

为了更直观地了解这些女士在这三个居住地点的分布情况，我们列出如下信息：

- 埃尔福特：律师安娜 + 工程师
- 两城之间：律师尼娜 + 列车员
- 魏玛：律师玛蒂尔达 + 火车司机

从最后一句（"在铁路公司工作的尼娜比火车司机高5厘米"）可以看出，火车司机不是尼娜，而是安娜或玛蒂尔达。我们可以完善信息如下：

- 埃尔福特：律师安娜 + 工程师
- 两城之间：律师尼娜 + 列车员
- 魏玛：律师玛蒂尔达 + 火车司机安娜或者玛蒂尔达

题目中还提到"列车员的收入恰好是距离她最近的律师收入的三分之一"。这名律师其实是尼娜，因为列车员和尼娜住在埃尔福特和魏玛两座城市之间。

我们还知道"和这位工程师的名字相同的律师年薪为5万欧元"。5万这个数字不能被3整除（"列车员的收入恰好是距离她最近的律师收入的三分之一"），所以尼娜不可能与工程师同名。这名工程师的名字只能叫安娜或者玛蒂尔达。这样一来，我们可以得出如下情况：

- 埃尔福特：律师安娜 + 工程师安娜或者玛蒂尔达
- 两城之间：律师尼娜 + 列车员
- 魏玛：律师玛蒂尔达 + 火车司机安娜或者玛蒂尔达

所以，列车员的名字只能叫尼娜了。

39）四分之一圆中的半圆

这个半圆的面积为 $\pi / 6$。

解题的关键在于构造一个直角三角形，三个顶点分别是半圆的圆心、四分之一圆的圆心以及半圆与四分之一圆相切的点。在下页的示意图中，我们用橙色标示出了这个直角三角形。

我们用 r 表示半圆的半径。橙色三角形较短的直角边为 r，它的斜边相当于四分之一圆的半径，因此长度为1。

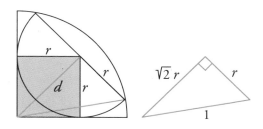

较长的直角边的长度仍然未知，但我们可以很容易地计算出来。它相当于示意图中灰色正方形的对角线 d，该正方形的边长是半圆的半径 r。根据勾股定理，可得：

$$d = \sqrt{r^2 + r^2} = \sqrt{2r^2} = \sqrt{2}\,r$$

虽然我们还不知道 r 的具体值，但可以再次利用勾股定理计算出来。对于橙色的直角三角形，下面的方程式一定成立：

$$1^2 = (\sqrt{2}\,r)^2 + r^2$$
$$1 = 2r^2 + r^2$$
$$1 = 3r^2$$
$$r = \frac{1}{\sqrt{3}}$$

半径为 r 的半圆的面积为 $\dfrac{\pi r^2}{2}$。将 r 的值代入，可得 $\pi / 6$。

40）构建在空隙上的图形

这条虚线的长度为8。

下面的示意图展示了这道题目的一个极为巧妙的解法，其核心思路是：图形底部的空缺区域完全可以解构出一些已知边长的三角形，从而轻松计算出虚线的长度。

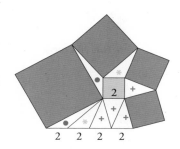

顶点相接的五个正方形之间的空隙刚好形成了三个不同的三角形。为方便描述，它们在示意图中分别用绿色圆点、黄色星星和蓝色十字符号标示。这三个三角形的最短边的长度均为2。

显然，图形底部的四边形空缺区域由五个三角形组成，标有绿色圆点和黄色星星的三角形各一个，标有蓝色十字的三角形有三个。通过分析这些三角形的角度和边长，就可以证明这个结论。

解决问题的诀窍是将黄色和红色的正方形之间的空隙所形成的三个不同的三角形旋转拼接成一个更大的三角形。例如，我们将黄色正方形左上方标有绿色圆点的三角形，以黄色正方形的左上顶点为圆心顺时针旋转90°，此时，标有绿色圆点的三角形正好和黄色正方形上方标有黄色星星的三角形重合。接着，我们将黄色正方形右方标有蓝色十字的三角形以黄色正方形的右上顶点为圆心逆时针旋转90°。这样操作后，这三个三角形就拼接成了一个全新的大三角形，其底边长度为6。

这个大三角形也是图形底部的四边形空缺区域的一部分，我们要计算的是空缺区域的底边。如果再划分出两个标有蓝色十字的三角形，四边形的空缺区域就会被完全填满。此时，我们就会发现所要求解的虚线长度正好是黄色正方形边长的4倍，也就是8。

41）秘密的通行口令

这个秘密的通行口令是TAHITI。（我们把书翻到这页，垂直立在桌上，视线与桌面平行，平视这张访问卡片。）当你将这本书向后倾斜近90°，使得书几乎平放在桌子上的时候，我们保持水平视线，视线和书形成一个极小的锐角，然后我们从书的下方观察访问卡片，这串通行口令就会显现出来。并且最好闭上一只眼睛观察，这样会更容易看出口令。以这样的视角观察，网格状区域细的水平红线几乎就看不见了，只有小长方形和小正方形会缩成水平线。网格状区域细的垂直红线则仍然可见，只是看起来会明显变短。

42）求解两个角的度数之和

这两个被标记为绿色的角的度数之和是60°。

我们将两个等边三角形的边长延长形成一个大的等边三角形，

其边长等于已知的两个等边三角形的边长之和 $a + b$。此外，我们将新的等边三角形的上方顶点与已知的两个等边三角形的交点连接起来，如下图所示。

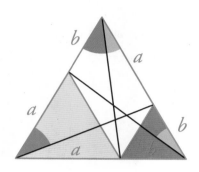

我们可以很容易地证明，新的大等边三角形的上方顶点处的两个角与图中标记处的两个绿色的角相等。为什么呢？

首先，我们只看右下角和右上角被标记为浅绿色的两个角，这两个角所在的三角形都有两条边的边长分别为 b 和 $a + b$。并且这两条边之间的夹角都是60°。因此，这两个三角形是全等的，进而可以推断出被标记为浅绿色的两个角一定相等。同理可证，被标记为深绿色的两个角也一定相等。

因为深绿色和浅绿色的角合在一起构成了大等边三角形的上方顶角，所以它们的角度之和是60°。

43）喜欢四边形的继承人

即使你一开始可能很难相信，但实际上将等边三角形分割成三个相等的四边形也是可行的，如下图所示。

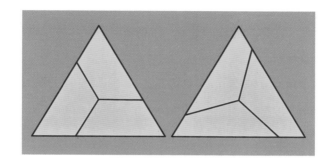

四边形甚至不一定是梯形，它也可以是相对不规则的形状，如上图右侧参考答案所示。只是一定要满足的条件是：这三个四边形的公共顶点必须与等边三角形的中心重合，四边形以等边三角形的中心为顶点引出的两条相邻的边，所形成的夹角必须为120°，如上图左侧参考答案所示。

44）能从一个正方体穿身而过吗？

一个正方体实际上可以从另一个相同的正方体中穿身而过。最直接的解决方法如下：用拇指和食指夹住这个正方体的体对角线相对的两个顶点，然后以体对角线为轴旋转正方体，使一个顶点朝向前方，相对的另一个顶点朝向后方。我们所要做的最后一步，就是调整拇指和食指之间的体对角线旋转轴和水平面的倾斜角度，使得朝向前方和后方的两个顶点从正前方看完全重合。从这个角度观察，边长为1的正方体会呈现出一个正六边形的轮廓，具体请参见下页示意图。我们可以很容易地计算出该正六边形的边长是$\sqrt{2}$除以$\sqrt{3}$的值[1]。

友情提示一下想自己计算的读者朋友们：拇指和食指之间的对角线并不平行于图像所在的平面，否则朝向前方和后方的两个顶点不会完全重合。

从这个角度观察，正方体的可见边长小于1，因为其边相对于图像平面是倾斜的。我们画出图中这个橘红色的正方形，使它在这个正六边形中尽可能地大，现在我们可以相对容易地计算出（只需运用勾股定理）这个正方形的边长：$\sqrt{6}$减去$\sqrt{2}$，约为1.035。这个边长略大于1，因此边长为1的正方体是可以穿过这个洞的。

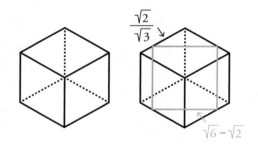

如果我们稍微调整一下拇指和食指之间的体对角线旋转轴和水平面的倾斜角度，就能得到一个更好的解决方案。此时，正方形开口的边长为3/4乘以$\sqrt{2}$，约为1.06。

---

[1] 在立体几何中，因为体对角线和正六边形所在的平面不平行，所以我们从这个角度看体对角线的长度就和实际长度不同，但是正方体的顶面对角线和正六边形所在的平面平行，所以在示意图中连接顶面对角线，这条线的长度可以根据勾股定理计算出为$\sqrt{2}$，顶面对角线和六边形相邻的两个边就构成了一个顶角为120°的等腰三角形，运用余弦定理可以计算出这个等腰三角形的腰长为$\sqrt{2}$除以$\sqrt{3}$。

这个能让更大的正方体从自身穿过的正方体，被称为鲁珀特王子立方体[1]。这一几何问题源于维特尔斯巴赫家族的普法尔茨选侯鲁珀特王子，他对艺术和科学有着浓厚的兴趣。17世纪末，英国数学家约翰·沃利斯（John Wallis）提出了"边长为1.035…"的解决方案。大约100年后，荷兰数学家彼得·纽维兰德（Pieter Nieuwland）提出了"边长为1.06…"的解决方案。

45）坠入爱河的甲虫们

每只甲虫都移动了1米的距离，正好相当于正方形的边长。

在任何时候，四只甲虫连在一起的图形都是一个不断变小并且顺时针旋转的正方形。每只甲虫总是朝着前面那只相邻甲虫的方向移动，而这只相邻甲虫的移动方向总是与其前进方向垂直。

这意味着：每只甲虫在移动过程中既没有拉大、也没有缩小自己与后面向它移动的邻近甲虫的距离。但是，向它移动的甲虫则会不断地缩短与目标甲虫的距离。

因此，每只甲虫所移动的路径刚好等于它与相邻甲虫的初始距离，所移动的螺旋路径的长度与初始正方形的边长相等。每只甲虫

---

[1] 鲁珀特王子立方体（Prince Rupert's Cube）是一个经典的几何问题，最早由17世纪的鲁珀特王子提出。问题的核心是：一个立方体能否穿过一个与它尺寸相同的立方体上的洞？鲁珀特王子立方体问题展示了几何学的奇妙和复杂性。在现代，它不仅是数学教学中的经典案例，也激发了人们对几何拓扑学的进一步研究。此外，这个问题在计算机图形学和三维建模中也有应用。了解如何在复杂形状之间创建相互贯通的路径对于设计和工程领域是非常有价值的。比如，在3D打印和制造业中，这种几何问题的解决方案可用于设计复杂的部件和结构。

不断调整自己的移动方向,(但由于这四只甲虫的移动方向始终保持互相垂直)两只甲虫之间的路程(在整个移动过程中)从来没有延长,始终是初始正方形的边长,因为这是一个曲线运动,而不是直线运动。而甲虫的移动路线就是所谓的对数螺线[1]。

46) 完美放置的半圆

黄色半圆的面积为 π。

半径为 r 的半圆的面积为 $\dfrac{\pi r^2}{2}$,我们算出图中蓝色半圆的半径为 2,橙色半圆的半径为 1。

我们将蓝色和橙色半圆的圆心和这两个半圆与黄色半圆的交点连接在一起,如下图所示。

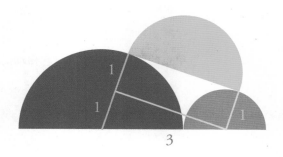

---

[1] 对数螺线,又叫等角螺线或生长螺线,是在自然界中常见的螺线,因其在极坐标系(r, θ)中可以写为 $r = ae^{b\theta}$ 或 $\theta = \dfrac{1}{b} \, m(\dfrac{r}{a})$,所以叫作对数螺线。它是由数学家笛卡儿在1638年发现的。雅各布·伯努利后来重新对其展开研究,并发现了对数螺线的许多特性,如对数螺线经过各种适当的变换后仍是对数螺线。

这两条圆心和交点的连线垂直于黄色半圆下方的"直边"，这条"直边"正是黄色半圆的直径。因此，这两条连线彼此平行。

如果我们将左边这条连线的中点与橙色半圆的圆心连接在一起，会得到一个直角三角形。

我们知道这个直角三角形的两条边长：左边的直角边长为1，斜边长为3。另一条直角边相当于黄色半圆的直径，这是我们需要计算的部分。

根据勾股定理，我们可以轻松计算出黄色半圆的直径：$\sqrt{3^2-1^2} = \sqrt{8}$ ，所以其半径是 $\sqrt{8}/2$，故黄色半圆的面积是 $\dfrac{\pi \times (\sqrt{8}/2)^2}{2} = \dfrac{\pi \times 8/4}{2} = \pi$。

47）最佳射门角度

这名球员在距离球门线大约33.8米的位置时，球门在他视野中有着最大的进球角度。

解决这道谜题的关键在于运用圆心角定理[1]，也被称为圆周角定理。球员和球门的两根门柱构成了一个三角形，我们可以为这个三角形画一个外接圆。在下页的示意图中，我们将球门和场地的边线用深黑色的线条突出显示。

球员所看到的球门视角是一个圆周角，在下页上图中用蓝色标

---

[1]　圆心角定理（The center angle theorem）是指在同圆或等圆中，相等的圆心角所对的弧相等，所对的弦相等，所对的弦心距也相等。圆心角的大小等于同一弧所对的圆周角的两倍。这个定理常用于计算与圆相关的问题。

示。接着，我们画出与之对应的圆心角，该角由球门的两根门柱和外接圆的圆心构成，在下图中用红色标示。

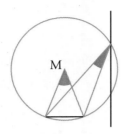

根据圆心角定理，圆心角总是与之对应的圆周角的两倍。因此，我们需要找到最大的圆心角，这样对应的圆周角也会达到最大值。

圆心M离球门越远，圆心角就越小，圆的半径就越大。我们需要找到球员与两根门柱所构三角形的最小外接圆。

这个外接圆必须和场地边线相交或至少相切。当场地边线仅与外接圆相切时，外接圆的半径最小，具体参见下图。

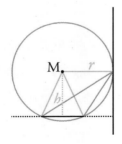

接下来，我们应用勾股定理来计算球员距离球门线的最佳射门距离 h。t 为球门的宽度（7.32米），r 相当于球场宽度的一半（34米），则有：

$r^2 = h^2 + (t/2)^2$

$h^2 = r^2 - (t/2)^2$

$h^2 = 34^2 - 3.66^2$

$h^2 = 1142.6044$

$h \approx 33.8$ 米

48）可以拼成正方形的长方形

这道谜题有好几种可行的解决方案，其中一种如下图所示。

具体拆分起来并不简单，因为拆分出来的四个图形大小各不相同。最大的图形是一个平行四边形，还有三个不同大小的三角形。

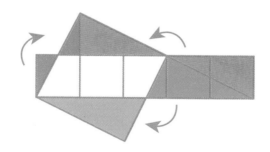

此外，我还收到了三种解决方案。在这里要特别感谢迈克尔·波姆（Michael Böhm）、沃尔克·梅尔（Volker Mehl）、克里斯蒂安·普费弗（Christian Pfeffer）、德克·纳斯里鲁德萨里（Dirk NasriRoudsari）、海娜·施梅琳（Reiner Schmähling）和古温特·赛格拜因（Günter Seggebäing）。第二种解决方案与我上述方案不同的是，两个较大的三角形大小相同。

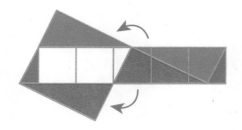

第三种解决方案包括两个大小相同的三角形和两个梯形。

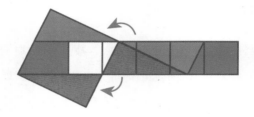

第四种解决方案与第二种解决方案类似，但白色梯形的大小不同。

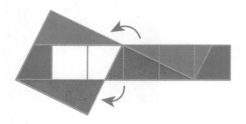

如果把长方形拆分成两个梯形和两个三角形，甚至能派生出无限多种不同的解决方案。假设小正方形边长为1，我们在拆分时可以在范围内自由选择右侧梯形（示意图中用蓝色填充的梯形）的宽度，

宽度范围是：0＜上底的宽度＜1，0.5＜下底的宽度＜1.5。

中间由红色和绿色两个三角形组成的平行四边形始终保持不变。左边白色梯形的宽度范围是：1.5＜上底的宽度＜2.5，1＜下底的宽度＜2，具体宽度取决于右侧蓝色梯形的宽度。

49）科学地四等分

题目中给出的两个图形都可以进行四等分，如下图所示。

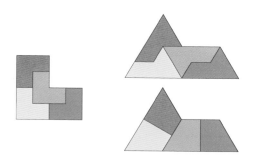

对于五边形，我找到了两种不同的拆分方案，而对于六边形，只找到了一种方案。

六边形的拆分方案和五边形的第一种方案有个共同的特点：拆分出的四个相同的图形与原始图形形状一致，只不过边长是原始图形的一半。我们把这样的图形统称为"自相似密铺图形"。这个数学术语源于英文"replicating tile"，意为"可复制的瓷砖"。

数学家们长期以来一直在研究如何使用拼接的各种图形来覆盖平面，这种研究被称为平面图形的镶嵌或密铺。

题目中给出五边形的拆分方案，也因其形状特点被称为"斯芬克斯密铺图案"[1]，在英文中称为"Sphinx Tiling"。

50）如何求解一个不规则四边形的面积

右下角四边形的面积是16。

我们将矩形的四个顶点分别与矩形内的这一点连接起来，这四个顶点也正好是四个不规则四边形的顶点。这样我们就构造出了八个三角形。

三角形的面积公式为：

$$S = g \times \frac{h}{2}$$

g是三角形的一条底边，h是三角形这条底边对应的高。

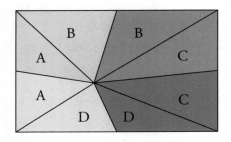

---

[1] "斯芬克斯密铺图案"指的是一种受狮身人面像形状启发而成的几何密铺图案。与传统的密铺图案不同，斯芬克斯密铺图案具有自相似的分形特征，以其复杂和非周期性的设计而著称，由于其复杂的排列和组合，从而可以产生独特的视觉效果。是数学和艺术领域一个有趣的研究对象。

显然，两个相邻的三角形（它们的底边共同构成矩形的一条边）面积是相等的。以示意图中标记为D的两个三角形为例，它们的底边长度相等（都是矩形边长的一半），又因为它们共用矩形内的那个点作为顶点，所以它们的底边对应的高也是相同的。因此，矩形同一条边上相邻的两个三角形面积相等。

在示意图中，我们把面积相等的三角形都用相同的字母标记。要求计算的蓝色四边形面积等于两个三角形的面积之和，也就是C + D。

我们还能看出，粉色四边形和绿色四边形的总面积等同于黄色四边形和蓝色四边形的总面积。粉色四边形和绿色四边形，或者黄色四边形和蓝色四边形这两组四边形的总面积都是A + B + C + D。所以，下面的等式一定成立：

粉色四边形面积 + 绿色四边形面积 = 黄色四边形面积 + 蓝色四边形面积

蓝色四边形面积 = 粉色四边形面积 + 绿色四边形面积 − 黄色四边形面积

蓝色四边形面积 = 14 + 18 − 16 = 16

51）阴影区域的面积有多大？

阴影区域的面积为151。

我们可以将这两个五边形分别补上一个矩形，从而拼成两个直角三角形。这两个直角三角形的直角边长度分别为 8 和 15 以及 12 和

5，具体请参见下图。

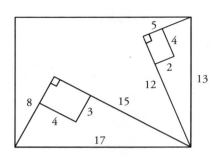

只要应用勾股定理，就能计算出两个直角三角形的斜边长度，相当于计算出矩形的两条边长17和13。

现在，计算阴影区域的面积就没那么难了。从矩形的面积中减去两个直角三角形的面积，再加上后补的两个小矩形的面积，可得：

$$阴影区域的面积 = 17 \times 13 - 15 \times 8 / 2 - 12 \times 5 / 2 + 4 \times 3 + 4 \times 2$$

$$= 221 - 60 - 30 + 12 + 8$$

$$= 221 - 70$$

$$= 151$$

52）通往蜂蜜的最短路径

这个看似三维的问题可以轻松转化为二维的问题。我们将圆柱形玻璃杯的侧面展开成平面，原本弯曲的玻璃杯表面就变成了一个矩形，具体请参见下图。

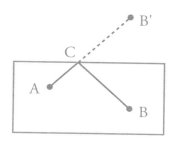

位于A点的蜜蜂想要爬到有一滴蜂蜜的B点。途中，蜜蜂必须经过矩形上面那条边长上的C点，该点代表圆柱形玻璃杯杯壁上方的边缘。蜜蜂要在这个点，从杯壁的外侧移动到杯壁的内侧。

因此，我们要找的是从A点到C点再到B点的最短路径。这并不需要复杂的计算，只需将矩形上方的边作为对称轴，找到B点的对称点B'点，而从A点到C点再到B点的路径与从A点到C点再到B'点的路径一样长。

两点之间，线段最短。连接A点和B'点，这段路径就是我们要找的答案。

然而，这个参考答案并不适用于所有情况。读者约尔格·施莱歇尔（Jörg Schleicher）向我指出，在某些情况下，从玻璃杯杯壁内侧经过玻璃杯底部的路径可能会更短。

下面的例子就可以说明这一点：蜜蜂和蜂蜜正好位于玻璃杯相对称的两侧。从玻璃杯正上方观察时，蜜蜂所在的点、蜂蜜所在的点和玻璃杯底面圆心形成了一个180°的角。为了方便计算，我们进一步假设：玻璃杯的底面半径和杯壁高度为1。蜜蜂到杯壁上方边缘的距离为0.1，蜂蜜到杯壁上方边缘的距离为0.9。

所以，经过玻璃杯底部的路径长度为：

$$L_B = 0.1 + 1 + 2 + 0.1 = 3.2$$

按照我一开始给的参考答案，计算出的路径则会稍长一些。根据勾股定理：

$$L^2 = (0.1 + 0.9)^2 + \pi^2$$
$$L^2 = 1 + \pi^2$$
$$L \approx 3.3$$

约尔格对此做出解释，玻璃杯底面的半径越大，经过玻璃杯底部的路径与参考答案给出的路径之间的差异就越大。对正常尺寸的玻璃杯来说，杯壁的高度通常大于底面的半径，参考答案给出的路径仍然是最短的。

53）说出12月31日就能获胜

大卫一定能获胜。他在第一次必须先说出1月20日，然后只要一直根据达娜说出的日期，从下面列表中选择下一次要说出的日期，就一定能获胜：

- 2 月 21 日
- 3 月 22 日
- 4 月 23 日
- 5 月 24 日
- 6 月 25 日
- 7 月 26 日
- 8 月 27 日
- 9 月 28 日
- 10 月 29 日
- 11 月 30 日

　　比如，若达娜第一次说出的日期是 1 月 25 日，接下来大卫就选择 6 月 25 日作为要说出的日期。再比如，若达娜更改月份、选择 8 月 20 日作为她第一次说出的日期，接下来大卫就选择 8 月 27 日作为要说出的日期。只要按照这个策略，大卫就一定能获胜。

　　这是为什么呢？让我们从最后的日期 12 月 31 日往前倒推。如果大卫想确保自己说出 12 月 31 日，他必须要在达娜之前先说出 11 月 30 日才可以。这样的话，达娜就只能选择说出 12 月 30 日，然后输掉游戏。

　　如果大卫想确保自己说出 11 月 30 日，他必须要在达娜之前先说出 10 月 29 日才可以。这样的话，达娜只能在 10 月 30 日、10 月 31 日、11 月 29 日或者 12 月 29 日这四个日期里选一个。如果选择 10 月 31 日或 12 月 29 日，她必输无疑，因为接下来大卫可以直接说出 12

月31日。如果达娜选择10月30日或11月29日，大卫按照上面的分析说出11月30日，便能获胜。

同理可知，如果大卫想确保自己说出10月29日，他必须要在达娜之前先说出9月28日——以此类推，大卫必须要在达娜之前先说出8月27日、7月26日、6月25日、5月24日、4月23日、3月22日、2月21日，最后是1月20日。

54）用最低的成本获得想要的链条

按照下面的方法使用旧链条来制作想要的成品链条，只需要花费30欧元。

我们可以把13段旧链条围成一个圈，每两段旧链条之间都要重新打开再闭合一个环。这样的话，一共需要花费39欧元，比直接购买成品链条还贵。但是，还有一种更好的方法。

我们可以把所有由3个环组成的旧链条都拆开。总共有3段这样的旧链条，这样我们就得到9个打开的环，包括5个小环和4个大环。用这9个打开的环将剩余10段旧链条连接成一个长链。在此过程中，我们通常将左右相邻或上下相邻的两段链条（具体请参见下页图）连接在一起。有时我们还需要将某段链条旋转180°或交换两段相邻链条的位置，以便它们能够连接起来，同时满足小环和大环交替出现的条件。

由此产生的链条仍然没有首尾相接。为此，我们还需要打开再闭合一个小环（或大环），这样的操作总共需要进行10次。因此，只需要花费30欧元，比直接购买同样长度的成品链条还省钱。

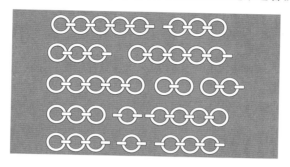

或者，我们可以完全拆开3段旧链条，其中一段由4个环组成，另两段由3个环组成，这样就可以得到10个打开的环。通过这些环，我们可以将剩余10段链条制成一个首尾相接的成品链条，同样只需花费30欧元。

55）谁能拿走最后一枚硬币？

无论是谁，只有先手方才能确保获胜，而且在第一步中必须从桌子上拿走4枚硬币。这样就还剩96枚硬币了。接着，先手方可以根据对手拿走的硬币数量来决定自己下一步拿多少，只要一直保证自己与对手拿走的硬币总数为12，就可以确保获胜。比如，贝里特先拿走4枚硬币，然后波特就要拿走4~11枚硬币；如果波特拿走5枚，贝里特就要对应地拿走7枚。这样操作后，这一轮贝里特和波特拿走的硬币总数就是12。

之后，无论波特拿走几枚硬币，贝里特总能调整自己拿走的硬币数量，使得每一轮她和波特拿走的硬币总数都是12。如果波特拿走4枚，贝里特就拿走8枚。如果波特拿走11枚，贝里特就拿走1枚。因此，桌子上硬币的数量总是以12的倍数递减。又因为96刚好可以被12整除，所以贝里特一定会拿走最后一枚硬币。

如果波特先拿硬币，只要采取同样的策略就能确保获胜。波特先拿走4枚硬币，然后保证之后每一轮他和贝里特拿走的硬币总数都是12，就可以获胜。

56）用多米诺骨牌一决胜负

诺亚一定能更快完成，他有充足的时间来找到解决方案，而南希根本无法完全覆盖她的棋盘。事实上，南希的棋盘就没有符合题意的解决方案。

诺亚和南希一共需要覆盖 $7 \times 7 - 1 = 48$ 个格子。为覆盖这些格子，每人需要使用24块多米诺骨牌。但南希的棋盘有一个致命的问题。

7×7 的棋盘由24个白色格子和25个黑色格子组成。南希的蓝色筹码刚好放在一个白色格子上。因此，她必须使用24块多米诺骨牌在棋盘上覆盖23个白色格子和25个黑色格子。这是完全不可能做到的，因为每块多米诺骨牌只能同时覆盖一个白色格子和一个黑色格子。

诺亚的情况则与南希不同。诺亚的蓝色筹码刚好放在一个黑色格子上。因此，他需要在棋盘上覆盖24个白色格子和24个黑色格子。对于诺亚的情况，一定存在符合题意的解决方案，而且很容易找到。

57）猜数字——但是要聪明地猜

是的，七个问题就足够了，诀窍在于利用席琳可以回答"我不知道"的情况。利用这一点，每一次提问都可以将取值范围大约缩小到原来的三分之一。而使用题目中提到的"二分查找算法"，取值范围每次只能缩小一半。

向席琳提问的第一个问题如下：

"我在334到667之间选择了一个数字。你选择的数字是不是比我选择的数字小？"

席琳可能会有三种回答。如果席琳回答"是"，她选择的数字就一定在1到333之间；如果回答"不是"，她选择的数字就一定大于666（因为最小取值是667，不小于任何在334到667之间的数字）。如果席琳选择的数字在334到666之间，她一定会回答："我不知道。"因为席琳不知道你在334到667之间选择的数字是多少，所以她也不知道你选的数字与她的相比大小如何。

我们在所有七个问题中都使用这种特殊的提问技巧。通过第一个问题，我们就能把可能的取值从999个缩减到333个；通过第二个问题，可能的取值可以缩减到111个；通过第三个问题，缩减到37个；通过第四个问题，缩减到13个；通过第五个问题，缩减到5个；通过第六个问题，缩减到2个；通过第七个问题，就只剩下1个数字了。因此，只需七个问题[1]就足以找出这个数字了。

58）在五座岛屿中搜寻海盗的宝藏

我们先将并排相邻的岛屿按照从左到右的顺序编号，如果你能按照这个顺序——2号、3号、4号、2号、3号、4号——造访对应编号的岛屿，就一定可以找到海盗的宝藏。总共需要六天时间，因为海盗每天晚上都会把宝藏转移到相邻岛屿上，所以宝藏前一天若在偶数编号的岛屿上，之后一天就一定在奇数编号的岛屿上，反之亦然。我们恰好可以利用这一点来制定搜寻策略。

这里只有两座岛屿的编号是偶数，即2号和4号。每隔一晚，宝藏一定会在这两座岛屿中的一座。我们按照既定策略进行搜寻。下面就来逐一讨论可能发生的所有情况，以证明这个策略确保能够找到宝藏。

•情况A：第一天，海盗的宝藏在偶数编号的岛屿上。

海盗的宝藏只能在2号或4号岛屿上。如果宝藏第一天在2号岛屿上，那么我们在第一天搜寻2号岛屿时就能找到它。如果宝藏第一天在4号岛屿上，那么第二天它只能藏在3号或5号岛屿上。第二天，我们搜寻3号岛屿，如果宝藏在3号岛屿，我们刚好可以找到它。如果宝藏在5号岛屿，那么第三天就一定会返回到4号岛屿。我们在第

---

[1]　按照这种方式，通过每次提问将取值范围缩小到原来的三分之一，我们一定能找出最终答案所需要的提问数量为$\log_3 999$，计算可得$\log_3 999 \approx 6.287 \approx 7$，所以只要提出七个问题就一定能找到这个数字，并且在少于2187（$3^7 = 2187$）个数中找到一个目标数都只需要七个问题。

三天搜寻的正是4号岛屿，因此，我们一定会在第三天找到宝藏。

•情况B：第一天，海盗的宝藏在奇数编号的岛屿上。

根据搜寻策略，我们无法在前三天找到海盗的宝藏，这是因为我们和海盗一样，前三天也是在交替搜寻偶数编号和奇数编号的岛屿。不过，我们是从偶数编号的岛屿开始搜寻的，而海盗的宝藏第一天是在奇数编号的岛屿上。因此，我们在前三天总会错过海盗的宝藏。

在第四天，我们改变了前三天的搜寻规律。我们在第三天搜寻4号岛屿，在第四天转而搜寻2号岛屿，也就是继续保持搜寻偶数编号的岛屿。因为海盗的宝藏第一天是在奇数编号的岛屿上，所以海盗肯定会在第四天将宝藏从一个奇数编号的岛屿转移到偶数编号的岛屿。此时的情况就和情况A相同了。因此，在之后的三天里，我们一定能够找到海盗的宝藏。

综上所述，采用上面的策略，我们一定可以在六天内找到海盗的宝藏。

59）一座桥、四个人和一个手电筒

这四名徒步旅行者全部过完桥总共需要17分钟。

解决问题的关键在于让速度最慢的两名徒步旅行者（C和D）一起过桥。要做到这一点，首先让A和B一起过桥，用时2分钟。然后，A带着手电筒返回，用时1分钟。接着，C和D一起过桥，用时10分钟，并将手电筒交给B。最后，B带着手电筒返回接上A，这样总共需要4分钟（来回各2分钟）。

以上，总时长为2 + 1 + 10 + 2 + 2 = 17分钟。

还有一种解决方案，通过这座桥的总时长同样需要17分钟。就是在上述方案的第二步中，让B带着手电筒返回去接C和D，用时2分钟。然后C和D一起过桥。最后，A带着手电筒返回接上B，用时3分钟。总时长同样是17分钟。

60）连续掷一枚硬币引发的赌局

妮娜可以选择"反面—反面—正面"的组合，这样一来，她赢得游戏的概率是2 / 3。

假设帕维尔和妮娜是在没有查看每次掷硬币结果的情况下，连续掷出硬币随机产生这个数列的（如果两人知道掷硬币的结果，他们掷硬币时可能会有倾向性）。然后，我们在旁边记录每次掷硬币的结果，以及谁最终赢得了游戏。为了简化描述，我们用"反"代表反面，用"正"代表正面。因此，当数列中出现"反正反"的时候，帕维尔会取得胜利；出现"反反正"的时候，妮娜会取得胜利。

我们首先要找到第一个"反"在数列中出现的位置。因为只有从这个位置开始，才有可能出现"反正反"或"反反正"的组合。下面列出了在数列中从这个位置开始，连续三次掷硬币可能发生的四种情况，其中组合的第一项一定是"反"，每种组合出现的概率均为1/4。

1."反反正"——妮娜获胜

2."反正反"——帕维尔获胜

3."反反反"——妮娜获胜

4."反正正"——没有人会获胜

在情况1中，妮娜会获胜；在情况2中，帕维尔会获胜。这两个情况的结果都显而易见。然而，在情况3中，妮娜依旧会获胜。只要数列中连续出现两个或两个以上的"反"，后面一旦出现一个"正"，在"正"之前一定至少有两个"反"，所以在数列中总是会先形成"反反正"的组合，而非"反正反"。

在情况4中，数列中出现了"反正正"的组合，故而没有人会获胜。发生这种情况时，我们需要等待下一个"反"的出现，然后重复上面的情况分析。妮娜在两种情况下一定会获胜，帕维尔在一种情况下一定会获胜，还有一种情况——没有人会获胜。由于没有人获胜，整个过程会循环继续下去。

到这里，你可能已经猜到游戏的最终结果了。当数列中出现第一个"反"的时候，如果分出了胜负，妮娜赢的概率有2/3。出现第一个"反"后，如果没有分出胜负，我们要等待下一个"反"的出现。然后，当数列中出现第二个"反"时，如果分出了胜负，妮娜赢的概率还是2/3。以此类推，我们可以得出结论：妮娜赢的概率为2/3。

谜题中涉及的此类问题在数学上通常被称为"彭尼的游戏"[1]。

---

[1] 彭尼的游戏（Penney's game）是由美国数学家沃尔特·彭尼（Walter Penney）在1974年首次提出的。这个游戏的独特之处在于，尽管两名玩家选定的组合长度相同，但是其中一个组合的获胜概率可能远高于另一个组合。这种反直觉的结果展示了概率和策略的重要性，使得"彭尼的游戏"成为研究博弈论和概率论的经典问题之一。

61 ）被分成三份的正方体

这个长方体的体积最小值为350。

我们将正方体分割成两个长方体，再将体积较大的那个长方体分割成两个较小的长方体。这样一来，我们就能得到符合题意的体积最大的长方体——它的体积尽可能地小了。

因为分割出的长方体的边长是整数，所以分割时可能出现五种情况。下面列出了在这五种情况中，我们可以分割出的两个长方体的体积：

- 100 + 900
- 200 + 800
- 300 + 700
- 400 + 600
- 500 + 500

而后，我们再将体积较大的那个长方体平分成两半。只取长方体长度为10的那条边的中点，从这里切开就可以平分成两半。通过这样的操作，我们就可以保证分割出的体积最大的长方体——它的体积尽可能地小了。下面列出了在这五种情况中，我们可以分割出的三个长方体的体积：

- 100 + 450 + **450**

- 200 + 400 + **400**
- 300 + 350 + **350**
- **400** + 300 + 300
- **500** + 250 + 250

粗体字显示的是每种情况下最大的长方体体积。显而易见，350正是我们要求解的答案。

62）一笔画四条线穿过九个点

下图展示了用四条线来解决这道谜题的方法。你可以从右下角的点起笔，也可以从左上角的线段末端起笔。

事实上，用三条线是不可能解决这道谜题的。根据这九个点的排列方式，每条直线上最多只有三个点。如果只用三条线，那么我们画的每条线都必须通过三个不同的点。

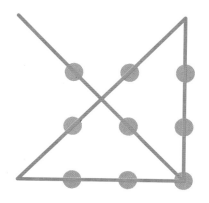

第一条线是符合这个要求的，但从第二条线开始，就不再可能完成了。如果第二条线想再连接另外三个点，那么它必须与第一条线平行；如果第一条线是这个方形点阵的对角线，剩下的点中根本没有另外三个点可以在同一条直线上。

不过，还是有一种取巧的方法。这种方法利用了示意图中的点都是有一定面积的小圆形，而非面积为0的点。如果我们在画线时不严谨地穿过这些圆形，就可以用三条线来连接九个点，具体请参见下面的示意图。

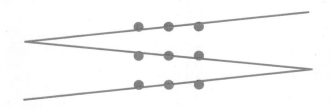

63）牢房里被锁住的两扇门

你最多需要按七次按钮才能逃出牢房，按下按钮的顺序是：C→B→C→A→C→B→C。

就门闩的初始位置，我们得考虑两类情况：左右两扇门各有两个门闩；一侧门有一个门闩，另一侧门有三个门闩。

为方便描述，我们用简写形式表示四个门闩的位置，比如（1 0 1 0）表示最上面的门闩（R1）在左边，从上面数第二个门闩（R2）在右边，从下面数第二个门闩（R3）在左边，最下面的门闩（R4）在右边。

先分析"左右两扇门各有两个门闩"的情况。由于左门和右门对称，我们只需考虑下面三种情况：（0101）、（0110）、（0011）。

我们从第一步按下按钮C开始。在第一种情况下，按下按钮C可以直接打开牢房的一扇门；在另外两种情况下则不能成功打开牢门。按下按钮C后，（0110）可能变为（0011）或（1100）。而（0011）在按下按钮C后可能变为（0110）或者（1001）。

我们在第二步按下按钮B，会导致两种结果：要么成功打开其中一扇牢门，要么门闩所在位置就会变为（0101）或（1010）。如果是这样的话，那么在第三步中，我们按下按钮C便会令其中一扇牢门打开。因此，通过C→B→C的顺序按下按钮，这三步完全可以应对"左右两扇门各有两个门闩"的情况。

但是，在"一侧门有一个门闩，另一侧门有三个门闩"，也就是第二类情况下，仅靠按下按钮B和C是无法解决问题的。因为这两个按钮都会同时改变两个门闩所在的位置，所以无论按下它们多少次，仍然会保持一侧门有一个门闩，另一侧门有三个门闩。

如果我们前三步依次按照C→B→C的顺序按下按钮，无法打开任何一扇牢门，那就说明门闩所在位置对应第二类情况。此时，我们在第四步按下按钮A，会导致两种结果：要么一侧门有四个门闩，另一侧没有——成功打开其中一扇牢门；要么左右两扇门各有两个门闩。这样的话，我们又回到了第一种情况。然后，只需在接下来的三步按C→B→C的顺序按下按钮，就一定能逃出牢房。

综上所述，要逃出牢房，按下按钮的顺序是：C→B→C→A→C→B→C。

64）正面还是反面

你可以任意拿取37枚硬币堆到桌子一侧，再把另外63枚硬币堆到桌子另一侧。然后将37枚硬币堆中的所有硬币都翻转一遍，就大功告成了。

为什么这招管用？在你随机挑选的两堆硬币中，如果63枚硬币堆里有 n 枚硬币正面朝上，那么就有（$63 - n$）枚是反面朝上的。虽然我们不知道 n 的具体数值，但这一点儿都不重要。

在37枚硬币堆里，正面朝上的硬币一定是（$37 - n$）枚，因为一开始桌上共有37枚硬币是正面朝上的。因此，在37枚硬币堆里，反面朝上的硬币正好也是 $37 - (37 - n) = n$ 枚。

现在，你将37枚硬币堆中的所有硬币都翻转一遍，就会得到 n 枚正面朝上的硬币和（$37 - n$）枚反面朝上的硬币。这道谜题就这样被你搞定了，因为每堆硬币中都有 n 枚正面朝上的硬币。

65）你们应该有很多朋友

解决这道谜题时，我们可以应用所谓的"抽屉原理"[1]。我们并不知道慕尼黑当前确切的居民数量，这也无关紧要。假设当前居民数

---

[1] 抽屉原理，也被称为鸽巢原理、鸽洞原理，是组合数学中的一个基本原理。最早可追溯到19世纪，由德国数学家彼得·古斯塔夫·勒·若恩·狄利克雷（Peter Gustav Lejeune Dirichlet）提出，因此也被称为狄利克雷原理。它的基本概念是，如果有超过 n 个物体需要放进 n 个抽屉（鸽巢）里，那么至少有一个抽屉里会有多于一个物体。

量为n，那么每个人可以有0到（n－1）个朋友。因此，每个人的朋友数量可能有n种不同的取值。

这里我们需要考虑两种情况。

情况1：至少有一个人和其他所有人都成为朋友。在这种情况下，有人在慕尼黑当地连一个朋友都没有，这是不可能的。因此，每个人的朋友数量最多只可能有（n－1）种不同的取值，取值范围是1到（n－1）之间的整数。

情况2：没有任何一个人和其他所有人都成为朋友。在这种情况下，没有人会有（n－1）个朋友。因此，每个人的朋友数量最多只可能有（n－1）种不同的取值，取值范围是0到（n－2）之间的整数。

既然一共有n个慕尼黑人，而每个人的朋友数量最多只有（n－1）种不同的取值，因此，必然至少会有两个人拥有相同数量的朋友。这就是所谓的"抽屉原理"。我们可以想象有（n－1）个抽屉，每个抽屉上都标有一个不同的数字，代表拥有的朋友数量。每个慕尼黑人都有一张纸条，他们要把纸条对应投入标有自己拥有朋友数量的抽屉。因为n个人有n张纸条，但现在最多只有（n－1）个抽屉能被投入纸条，所以至少有一个抽屉里面会有两张纸条。

综上，在慕尼黑当地居民中，至少有两个人拥有相同数量的朋友。

66）停车场中的数字游戏

所要求解的概率是 1 / 6。

实际解题方法比预想的要简单得多。我们只用考虑最左边的三辆大货车，它们有三个不同的编号：第一辆的编号是三个编号中最小的数，第二辆的编号介于第一辆和第三辆的编号中间，第三辆的编号是最大的数。

为简化描述，我们将这三个编号统称为 1，2，3。由于这三辆大货车的停放顺序完全随机。因此，只可能出现下列六种停放顺序：

1 2 3

1 3 2

2 1 3

2 3 1

3 1 2

3 2 1

只有在第一种停放顺序中，三辆大货车的编号才会形成递增数列。因此，最左边的前三辆大货车的编号形成递增数列的概率是 1 / 6。

67）为世界解释者们找出完美的座位安排

不存在这样的座位安排。

根据题目要求，最多只能有两位男士挨着坐。如果三位男士挨着坐，那么坐在中间的男士就相当于处在两位男士之间了。为便于安排，我们需要将这51位男士分组，由于每组最多只能有两位男士，所以至少要分成26组。

现在，我们要给分好组的男士分配到大圆桌旁的座位。在这至少26组男士之间，会有至少26处空位必须安排女士就座——每处空位至少安排两位女士就座。也就是说，每组男士两边的空位上都必须安排至少两位女士就座，才能保证没有任何一位女士单独坐在两位男士之间。

因此，这26处空位至少需要安排26 × 2 = 52位女士就座。但实际上只有51位女士，所以这道谜题是无解的。如果协会有52名男性和52名女性，我们就可以安排两男两女交叉就座——这样就有符合题意的答案了。

68）抽奖活动中的幸运儿和不幸者

只有两瓶葡萄酒。

这道谜题乍一看似乎很难解决。但经过思考，我们就会发现，这家公司的规模一定非常小，员工不会超过10人。而且题目中谈到海伦娜抽到平板电脑、艾哈迈德抽到毛巾，这种情况发生的概率为10%，这个条件如果成立，毛巾和葡萄酒的数量必须是定值。

让我们先从"海伦娜抽到平板电脑、艾哈迈德抽到毛巾"这个事件发生的概率开始。假设参与抽奖的员工人数为 n，毛巾的数量为

m，那么下列方程式一定成立：

$$p = \frac{1}{10} = \frac{1}{n} \times \frac{m}{n-1}$$

解析：海伦娜抽到平板电脑的概率 $p = 1/n$；由于海伦娜没有抽到毛巾，艾哈迈德抽到 m 条毛巾中的一条的概率 $p = m/(n-1)$。

n 的值至少为 4，因为题目中提到奖品是一台平板电脑、一些毛巾和至少一瓶葡萄酒。此外，方程中的 $m/(n-1)$ 表示的概率，一定恒小于 1。因此，n 一定小于 10，如果 n 大于 10，该事件发生的概率一定小于 $1/10$，不合题意。

我们将上述方程式转换为不含分数的形式：

$$n \times (n-1) = 10 \times m$$

现在，（由于 m 和 n 都是整数）我们可以应用分解质因数的思路来进一步推理。方程式的右边有一个质因数 5。由于 n 的取值范围在 4 到 9 之间，n 或者 $n-1$ 必须有一个等于 5，这样方程式的左边才会有质因数 5。因此，我们得出两个不同的解：

- 当 $n = 5$ 时，$m = 2$
- 当 $n = 6$ 时，$m = 3$

$n - m - 1$ 是作为奖品的葡萄酒的瓶数。在这两种情况下，该数值都是2，所以奖品中一共只有两瓶葡萄酒，而这个公司的员工人数要么是5人，要么是6人。

69）本题的重点是1000

四个加数都是奇数的表示方式可以写出更多个不同的等式。

我们先来看看四个加数都是偶数的表示方式。把所有不同等式中的四个偶数加数写成解集（a，b，c，d），下面的等式一定成立：

$$1000 = a + b + c + d$$

我们规定每组解集中的四个加数按照升序排列。因此，在每组偶数加数的解集中：

$$d \geqslant c \geqslant b \geqslant a$$

我们以相同的方式转化解集（a，b，c，d）中的所有偶数加数。前三个加数a，b和c分别减去1，第四个加数d加上3，这样就能保持总和还是1000。但现在就变成了四个奇数加数相加的形式了：

$$1000 = (a-1) + (b-1) + (c-1) + (d+3)$$

因为a，b和c一定都是正整数并且都是偶数，所以这三个数一定都大于或等于2。因此，奇数 $a-1$、$b-1$ 和 $c-1$ 也一定都是正整数且大于或等于1。而且因为 a、b 和 c 的最小值是2，所以 d 的最大值为994，而 $d+3$ 一定小于1000。

这样，我们就可以将所有由四个偶数加数组成的解集（a，b，c，d）对应转化为相同数量的由四个奇数加数组成的解集（$a-1$，$b-1$，$c-1$，$d+3$）。并且这些由奇数加数组成的解集都满足题目要求。

因此，我们知道由奇数加数组成的解集总数至少和由偶数加数组成的解集总数一样多。但实际上还有更多由奇数加数组成的解集，因为（$a-1$，$b-1$，$c-1$，$d+3$）并不包含所有可能由奇数加数组成的解集。

对于所有形式为（$a-1$，$b-1$，$c-1$，$d+3$）的由奇数加数组成的解集，由于我们事先已经按照升序排列了 a，b，c，d，因而 $d \geq c$，所以第四个加数（$d+3$）一定大于其余三个数。

但是，在由奇数加数组成的解集中，第四个加数也有可能不是最大的，存在两个加数相同并且都是最大数的情况，例如（249，249，251，251）。也有可能存在三个加数相同并且都是最大数的情况，例如（1，333，333，333）。

这样我们就证明了，所有由奇数加数组成的解集里，除了从由偶数加数组成的解集转化出来的形式为（$a-1$，$b-1$，$c-1$，$d+3$）的解集，还有其他满足题目要求的解集，这些解集不包含在形式为（$a-1$，$b-1$，$c-1$，$d+3$）的解集中。

70）恰好有一桶还是空的

"恰好有一桶还是空的"发生的概率是 1200 / 3125，大约为 38%。

在这道谜题中，这五个球的分布总共有 5^5 = 3125 种情况，因为每个球都可以投入五个桶中的任意一个。

如果每个桶中恰好都有一个球，那么总共会有 $5 \times 4 \times 3 \times 2 \times 1$ 种情况。这是为什么呢？我们假设这五个球是一个接一个地投进去的。第一个人投球时，有五个桶可以选择；轮到第二个人投球时，就只有四个桶可以选择了；轮到第三个人投球时，只有三个桶可以选择了；轮到第四个人投球时，只有两个桶可以选择了；轮到最后一个人投球时，就只剩下一个桶了。因此，所有可能的情况便是 $5 \times 4 \times 3 \times 2 \times 1$ 的结果，这在数学上称为 5 的阶乘，记作 5！。

然而，为了保证恰好有一个桶还是空的，需要有一个桶里面有两个球，另外三个桶里面各有一个球。也就是说，有四个人要将球投到空桶里面。对这四个人来说，类似于上面的例子，球的分布总共有 $5 \times 4 \times 3 \times 2$ 种情况。

如果有一个人把球投入一个已经有球的桶里，那么此人一定不能是第一个投球的人，而是后面四个投球者中的一个。轮到第二个人投球时，如果要把球投到一个已经有球的桶里，那么只有一个桶可以选择；轮到第三个人投球时，就有两个桶可以选择了；轮到第四个人投球时，就有三个桶可以选择了；轮到第五个人投球时，就有四个桶可以选择了。

因此，当"恰好有一桶还是空的"时，球的分布情况总共有：

$$Z = 5 \times 4 \times 3 \times 2 \times (1 + 2 + 3 + 4)$$

$$Z = 120 \times 10$$

$$Z = 1200$$

所以，"恰好有一桶还是空的"发生的概率是 1200 / 3125。

71）五颜六色的骰子——样式数不胜数

这样的彩色骰子有 30 种不同的样式。

让我们想象一个还没有上色的骰子，然后在六个面上分别涂上颜色。为了简化后面的分析描述，我们用数字 1 到 6 来表示这六种不同的颜色。

从 1 号颜色开始。我们先将这种颜色涂在任意一个面上，然后把骰子放在桌上，涂色面朝下。

接下来，我们从剩余五种颜色，即 2 号到 6 号颜色中选择一种，给涂色面相对的面（现在朝向正上方的面）涂色，这样骰子的上下两面就各有一种颜色了。

接着，我们要将剩余四种颜色分别涂在骰子的四个侧面上。

我们选择剩余颜色中色号最小的那种涂在四个侧面中的任意一面上，然后在桌上旋转骰子，使涂色的这个侧面朝向我们。

对于涂色的这个侧面，我们从剩余三种颜色中选择一种给它相对的面涂色。

到最后一步，还剩下两种颜色，骰子的左右侧也没有涂色。事实上，可以涂出两种样式。因为涂出来的两种样式是不同的，它们呈镜像对称[1]，不能通过旋转或平移彼此重合。这样一来，所有六种颜色都涂完了。

总结一下：给第二个面涂色时，我们有五种选择；给第四个面涂色的时候，我们有三种选择；在最后一步，我们有两种选择。这三个数的乘积为30，就是这种彩色骰子能涂出的所有样式的总数。

72）正方形"大海战"

两张正方形纸片发生重叠的概率是49 / 256，大约为19%。

首先，我们将这个二维的问题简化成一维的问题。假设玛丽亚娜和马丁将边长为1的两个正方形摆放在一条长度为5的线段上。两个正方形的中心都必须在这条线段上，并且正方形不能超出这条线段的左右边界。

在这种情况下，这两个正方形发生重叠的概率是多少呢？

和分析题目中给定的正方形大盒子的思路相同，我们要从左右边界开始考虑，两个正方形都不能超出这条线段的边界。因而，两个正方形的中心距离左右边界至少有0.5的长度。所以，两个正方形

---

[1] 镜像对称，也称镜面对称，当一个物体通过镜像反射后，可以与另一个物体完全重合，这两个物体就呈镜像对称。比如，人的左手和右手就是典型的镜像对称物，所以镜像对称在多个学科里也被称为"手性对称"。

的中心从左边界算起，可以选择的取值范围是 0.5 到 4.5，这个取值范围的总长度为 4，具体请参见下左图。

现在，我们可以轻松计算出这两个正方形发生重叠的概率，如果我们绘制一个图像，用来表示两个正方形的中心可以选择的取值范围。那么，下右图中 4 × 4 的正方形显示了玛丽亚娜和马丁摆放正方形的所有可能的情况。

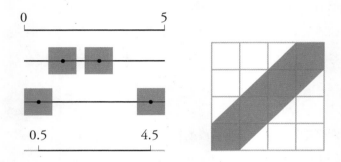

x 轴坐标表示的是玛丽亚娜在摆放正方形的时候，正方形的中心的取值范围，是从 0.5 到 4.5，长度为 4。

y 轴坐标表示的是马丁在摆放正方形的时候，正方形的中心的取值范围，也是从 0.5 到 4.5，长度也为 4。具体请参见上右图。

由于两个人把正方形都摆放在同一条线段上，只有当两个正方形中心之间的距离小于 1 时，它们才会发生重叠。上右示意图中的高亮区域表示了两个正方形发生重叠的情况[1]。

---

[1] 这里使用了"数形结合"的思想，图像中的高亮区域，刚好 x 坐标和 y 坐标的差值小于 1，也就是 $|x-y| \leqslant 1$，这部分面积代表了摆放在这条长度为 5 的线段上的两个正方形发生重叠的所有情况。正方形总面积为 16，两个白色三角形的面积都为 4.5，所以高亮区域的面积为 16 − 9 = 7，所以两个正方形发生重叠的概率为 7 / 16。

图中高亮区域占整个正方形区域的7 / 16。所以，当两个正方形随机摆放在一条长度为5的线段上，并且不超出这条线段的左右边界时，两个正方形发生重叠的概率是7 / 16。

如果玛丽亚娜和马丁把两个正方形摆放在边长为5的大正方形盒子里面，我们可以很容易地计算出这两个正方形发生重叠的概率。我们想象一个边长为5的大正方形，水平方向为x轴，垂直方向为y轴，摆放的两个正方形都在这个大正方形内部。这两个正方形的中心，一个位于水平方向长度为5的线段上，另一个位于垂直方向长度为5的线段上。

为使这两个正方形发生重叠，它们必须同时满足在水平方向和垂直方向上都有重叠。（在水平方向长度为5的线段上，两个正方形发生重叠的概率为7 / 16；在垂直方向长度为5的线段上发生重叠的概率也为7 / 16。）所以，同时满足这两种情况的概率应该是7 / 16乘以7 / 16，即49 / 256，大约相当于19%。

73）"车""象"大战

"其中一枚棋子能够吃掉另一枚棋子"的概率是1456 / 4032，大约为36%。

在棋盘上，车和象这两枚棋子共有64 × 63 = 4032种不同的摆放位置。我们先从简单的情况开始分析：车在什么情况下可以吃掉象？

当我们将车摆放在棋盘上任意一个格子上时，它在垂直方向和水平方向都可以吃掉7个格子上的棋子，也就是说，车的攻击范围总共有14个格子。因此，象不能摆放在这14个格子上。象在车的攻击范围内、能被车吃掉的情况下，车和象共有14 × 64 = 896种不同的摆放位置。

接着，我们再来分析：象在什么情况下可以吃掉车？这个问题有点复杂，我们需要讨论四种情况。

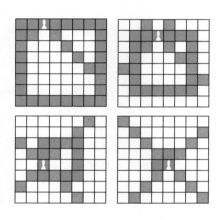

•情况1：见上图左上角，棋盘四周一圈共有28个蓝色格子，象位于其中一格。在这种情况下，象的攻击范围占7个格子（灰色所示）。车和象共有28 × 7 = 196种不同的摆放位置。

•情况2：见上图右上角，较情况1向内缩进一圈的20个蓝色格子中，象位于其中一格。在这种情况下，象的攻击范围占9个格子（灰色所示）。车和象共有20 × 9 = 180种不同的摆放位置。

•情况3：见上图左下角，棋盘中边长为4的一圈蓝色格子共有12个，象位于其中一格。在这种情况下，象的攻击范围占11个格子（灰色所示）。车和象共有12 × 11 = 132种不同的摆放位置。

•情况4：见上页图右下角，在棋盘中央的4个蓝色格子中，象位于其中一格。在这种情况下，象的攻击范围占13个格子（灰色所示）。车和象共有4 × 13 = 52种不同的摆放位置。

综上所述，在象能吃掉车的情况下，车和象总共有196 + 180 + 132 + 52 = 560种不同的摆放位置。考虑到"象能吃掉车"和"车能吃掉象"不可能同时发生，我们可以把这两种情况出现不同摆放位置的总数直接相加。因此，当其中一枚棋子能够吃掉另一枚棋子时，车和象总共有896 + 560 = 1456种不同的摆放位置，那么我们要求解的概率便是1456 / 4032。

74）一共需要多少部电梯？

波特最少需要安装六部电梯，才能满足客户的需求。

我们只需要考虑从一层到六层之间的任意一层乘坐电梯前往另外一层的情况。因为所有电梯都可以从任意一层直通七层，所以，只要电梯在一层到六层之间可以满足客户的需求，在一层和七层就一定也是适用的。

从一层到六层之间任意选取两个楼层，共有6 × 5 ÷ 2 = 15种不同的楼层组合。所有这些楼层组合都必须有一部电梯可以在对应层数的区间运行。

在一层到六层之间，每部电梯只能选择其中三个楼层设置停靠楼层。因此，每一部电梯可以在三种不同的运行区间对应不同的楼层组合。例如，如果有一部电梯的三个停靠点分别在一层、三层和六层，对应不同的楼层组合，它的三个运行区间如下所示：

- $1 \leftrightarrow 3$
- $3 \leftrightarrow 6$
- $1 \leftrightarrow 6$

　　由于从一层到六层之间的任意两个楼层正好有15种不同的组合，而每部电梯有三个不同的运行区间，要满足在三个不同的楼层组合之间运行，理论上有五部电梯就足以满足客户的需求了。但是，在这种情况下，五部电梯的运行区间不能有重复，否则无法在所有15种不同的楼层组合之间运行。

　　事实上，安装五部电梯完全不够用。有两部电梯的运行区间发生重复是完全不可避免的。以底层是一层的电梯为例。安装的电梯必须能从一层直通上面五个楼层，并且不需要换乘。由于底层是一层的电梯，已经有了一个停靠楼层（一层），所以这些电梯只能在上面五个楼层再设置两个停靠楼层。因此，至少需要三部电梯才能满足需求，例如（1，2，3）、（1，4，5）和（1，5，6）。如果只用两部电梯，我们就只能到达上面五个楼层中的四个。因此，底层是一层的电梯至少要有三部，并且至少有一个运行区间是重复的（三部电梯＝六个楼层，但是只能直接到达五个不同的楼层）。

　　因此，至少需要安装六部电梯，具体每部电梯的运行区间如下所示：

- （1，2，3）
- （1，4，5）
- （1，2，6）
- （2，4，5）
- （3，4，6）
- （3，5，6）

75）让数学达人来切比萨

切十刀最多可以切出56块比萨切片。

我们可以先想想，假设这个比萨已经被切了两刀，切第三刀可以新增多少块切片呢？

如果第三刀的切口不与前两刀的切口平行，那就一定与第一刀、第二刀的切口相交，从而最多可以新增3块切片，具体请参见下页图。在已经切过三刀的情况下，切第四刀最多可以新增4块切片。

以此类推，在已经切过（$n-1$）刀的情况下，切第n刀最多可以新增n块切片。这个很容易理解。当我们在已经有了（$n-1$）条切口的圆形比萨上再添一条新的切口时，最多可以产生n个交点。

第一块新增的比萨切片，是以新切口和第一刀切口的交点为顶点，由比萨边缘、新切口和第一刀的切口围成的；第二块新增的比萨切片，是以新切口和第二刀切口的交点为顶点，由新切口、第一刀切口和第二刀切口围成的；以此类推，倒数第二块新增的比萨切片，是以新切口和倒数第二刀切口的交点为顶点，由新切口、倒数第二刀切口和最后一刀切口围成的；最后一块新增的比萨切片，是以新切口和最后一刀切口的交点为顶点，由新切口、最后一刀切口和比萨边缘围成的。因为和之前的所有切口共有（$n-1$）个交点，所以切第n刀最多可以新增n块比萨切片。

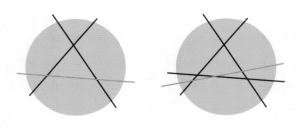

新增 3 块比萨切片   新增 4 块比萨切片

综上所述，计算切n刀最多可以切出的比萨切片块数，只用求出从 1 到n的所有自然数的总和，再加上 1 即可；因为在切第一刀之前，这个圆形比萨本身就算一块。

对于从 1 到n的所有自然数的总和，可以运用卡尔·弗里德里希·高斯[1]在很年轻的时候就已经推导出的公式：

$$1 + 2 + \cdots + n - 1 + n = \frac{n\,(\,n+1\,)}{2}$$

[1]　卡尔·弗里德里希·高斯（Carl Friedrich Gauss, 1777—1855）是德国著名的数学家、物理学家、天文学家和测量学家。他被誉为"数学王子"，在多个领域都做出了重要贡献，包括数论、代数学、分析学、微分几何学、地磁学、天文学和统计学。据说，高斯求和公式是在他青少年时期发现的，用于求解连续整数的和，例如从 1 到n的整数之和等于$n \times (\,n+1\,)\,/\,2$。

切10刀最多可以切出的比萨切片块数为：5 × 11 + 1 = 56。

切100刀最多可以切出的比萨切片块数为：50 × 101 + 1 = 5051。

76）玻璃饲养箱中的混乱

第一个问题的答案是可以，所有变色龙可以变成同一种颜色。

当一只红色变色龙和一只蓝色变色龙相遇时，它们就会变成两只绿色变色龙。根据题目条件，变色龙就会有三只红色的、一只蓝色的和三只绿色的。在后面几步中，我们只要让三只红色变色龙和三只绿色变色龙逐对相遇，所有变色龙就都变成蓝色的了。

然而，在附加题的条件下（变色龙有六只红色的、两只蓝色的和一只绿色的），没有办法让所有变色龙都变成同一种颜色。要证明这一点略显复杂，我们需要仔细观察变色龙每一次相遇变色之后，不同颜色的变色龙数量是如何变化的。

每当两只不同颜色的变色龙相遇时，一定会发生以下情况：这两只变色龙原有颜色的变色龙数量会各少一只，而第三种颜色的变色龙数量将会增加两只，因为两只变色龙都变成了第三种颜色。

接下来，让我们看看每种颜色的变色龙数量的差值。两只变色龙相遇之后颜色会发生改变，不同颜色的变色龙数量的差值要么不变，要么只能加减3的倍数。我们以"变色龙有四只红色的、两只蓝色的和一只绿色的"情况为例，当一只红色变色龙和一只蓝色变色龙相遇时，下页表格显示了变色龙数量的变化。

红色（红）	蓝色（蓝）	绿色（绿）	红蓝差值	红绿差值	蓝绿差值
4	2	1	2	3	1
3	1	3	2	0	- 2

左数三列：三种不同颜色的变色龙数量。

右数三列：三种不同颜色的变色龙之间数量的差值。

为了让玻璃饲养箱里的所有变色龙都变成同一种颜色，首先要想办法让两种不同颜色的变色龙数量相等。这样的话，只要这两种颜色的变色龙逐对相遇，它们就都会变成第三种颜色。当两种颜色的变色龙数量相等时，它们数量的差值将为0。

正如我们上面所分析的，如果不同颜色的变色龙数量的差值发生变化，那么差值只能加减3的倍数。在附加题的条件下，是一定没有解决方案的。因为在其条件下，不同颜色的变色龙数量的差值分别为：

- $6 - 2 = 4$
- $6 - 1 = 5$
- $2 - 1 = 1$

这三个差值显然都不是3的倍数，无论如何，这三种不同颜色的变色龙数量的差值都不可能为0。因此，不可能通过让变色龙相遇，使得其中两种颜色的变色龙数量相等。

一般来说，如果这三个变色龙数量的差值中没有一个是3的倍数，就一定没有解决方案。不过，变色龙数量的差值只要有一个是3的倍数，就一定存在一个解决方案。

77）哪一根条状物体是磁铁？

你可以将一根条状物体横放在桌子上，然后手持另一根条状物体，将其一端向前慢慢靠近横放的条状物体的中间部位。两根条状物体必须互相垂直。

如果横放的条状物体完全不移动或仅仅移动极小的一段距离，则能证明横放的条状物体是条形磁铁。因为条形磁铁两端的北极和南极磁性较强，中间部分只有微弱的磁性[1]。

如果横放的条状物体正在向你手中慢慢靠近的另一根条状物体移动，情况就正好相反：横放的条状物体是由铁制成的，你手里那根就是要找的条形磁铁。

78）动物们的田径比赛

兔子领先猫67.5米。

乍一看，非常合理的答案是 20 + 50 = 70 米。然而，这个答案是错误的。

---

[1] 条形磁铁中间部分磁性较弱，我们可以通过实验验证，在条形磁铁周围撒满铁屑，磁铁的两端能够吸引更多的铁屑，而中间部分吸引的铁屑较少。这主要是由于磁场线分布、磁极效应以及磁化强度分布的共同作用导致的。

我们假设三只动物一起赛跑。当兔子到达终点时，狗落后兔子20米。换句话说，就是狗在兔子跑完400米的时间内刚好跑了380米。而此时猫和狗之间的距离差肯定小于50米，只有等狗跑完整个400米，狗和猫之间的距离才能达到50米。

我们可以用比例计算法（Dreisatz）[1]来计算兔子到达终点时，猫跑了多远。

猫与狗跑动距离的比例系数，即猫与狗的距离比例为350 / 400。因为兔子到达终点时狗跑了380米，我们用350 / 400再乘以380，结果为332.5米。所以，猫落后兔子的距离为400 – 332.5 = 67.5米。

79）列车启程出发

较快的火车（城际特快列车）和较慢的火车（动车组列车）的速度比是2：1。

有些解题方法很复杂，需要考虑多个变量。下列解题思路则相对简洁精妙：

两列火车相遇之后，它们需要继续行驶的距离与它们的速度成反比。这是因为两列火车行进的距离与速度成正比。一列火车行驶的距离刚好等于另一列火车需要继续行驶的距离。

---

[1] Dreisatz是德语中的一个数学术语，中文翻译为比例计算法或者三步法，是解决比例问题的一种常用方法。它被广泛用于日常生活中，计算速度、距离、时间等方面的比例关系。比例计算法一般分为正比例和反比例两种情况，本题属于前者，三只动物同时起跑，它们的跑动距离是成比例增加的。无论任何时刻，猫跑动的距离除以狗跑动的距离，所得的比例系数都是相等的。当狗跑了400米的时候，猫跑了350米；当狗跑了380米的时候，猫就跑了332.5米。

因为时间＝距离/速度，两列火车需要继续行驶的时间与需要继续行驶的距离成正比，与火车的速度成反比。

综上所述，从两列火车相遇的地方到目的地，两列火车需要继续行驶的时间与火车速度的平方的倒数成正比[1]。

因此，我们要做的就是将两列火车需要继续行驶的时间（1小时和4小时）的比值进行开平方，然后再取倒数，就得出了最终的结果2 ： 1。

80）玻璃杯里面的苍蝇

天平的横梁可能会稍微晃动一下，但天平仍然会向有苍蝇的玻璃杯的那一侧倾斜。

苍蝇在飞行过程中通过不断挥动翅膀获得上升的力来抵消它自身所受的重力。正是因为苍蝇持续向下推动空气，才能保持悬浮在空中。此时，空气就会对玻璃杯底部施加一个额外的压力，这个压力刚好等于苍蝇所受的重力。因此，尽管苍蝇没有停留在玻璃杯底部，苍蝇所受的重力仍然作用于玻璃杯底部。

除此之外，苍蝇在起飞的那一刻，空气对玻璃杯底部施加的压力会比自身所受的重力稍大一些，这是因为苍蝇挥动翅膀获得上升

---

[1]　假设两列火车相遇的时候，较快的火车速度为 V_1，行驶的距离为 S_1，继续行驶的距离为 $S_{1'}$，时间为 $t_{1'}$；较慢的火车速度为 V_2，行驶的距离为 S_2，继续行驶的距离为 $S_{2'}$，时间为 $t_{2'}$。根据上面的分析，可得 $S_1 : S_2 = V_1 : V_2$；$S_{1'} : S_{2'} = S_2 : S_1 = V_2 : V_1$。因此，我们就得出了题目中的结论：$t_{1'} : t_{2'} = S_{1'} / V_1 : S_{2'} / V_2 = 1 : 4$。

的力不光用于抵消它自身所受的重力[1]。即使苍蝇在飞行，玻璃杯底部受到的力也会有微小波动，这取决于苍蝇是否向下或向上做变速运动。

81）自驾去兜风

艾丽娅往返需要花费26分钟40秒。

乍一看，这个问题似乎无从下手。因为我们既不知道整个路程有多长，也不知道水流的速度。但实际上还是可以解决的。

我们知道，速度等于路程除以时间。用v表示船在静水（水不流动的情况下）中的速度，水流的速度为a，从艾丽娅的家到那块岩石的路程长度为s。

在前往岩石的过程中，我们计算船的速度应该用船在静水中的速度加上水流的速度：

$$v + a = \frac{s}{20}$$

在返回家的过程中，我们计算船的速度应该用船在静水中的速

---

[1]　根据牛顿第二定律，物体所受的合外力等于物体的质量乘以它的加速度，苍蝇在起飞的那一刻会有一个向上的加速度a，所以$F_合 = m \times a$，苍蝇所受的合外力不为0，且方向是向上的。对苍蝇进行受力分析，苍蝇受自身的重力和空气对它向上的推力，空气对苍蝇向上的推力大于苍蝇自身的重力。再对空气受力进行分析，进而通过二力平衡和牛顿第三定律得出空气对苍蝇向上的推力等于空气对玻璃杯底部施加的压力。因此，得出结论"空气对玻璃杯底部施加的压力会比自身所受的重力稍大一些"。这一现象就是我们日常生活中经常提到的"超重"和"失重"。物体加速上升或减速下降时会产生"超重"现象，物体加速下降或减速上升时会产生"失重"现象。

度减去水流的速度：

$$v - a = \frac{s}{40}$$

我们将这两个方程式相加，可以得到：

$$2v = \frac{s}{20} + \frac{s}{40}$$

$$2v = 3 \times \frac{s}{40}$$

我们再把这个方程式变形一下：

$$v = \frac{s}{\frac{1}{3} \times 80}$$

现在我们马上就要计算出结果了。假设船在静水中的速度 $v = \frac{s}{t}$，然后把计算 v 的公式转化为计算 t 的公式：$t = \frac{s}{v}$

我们再将上面的方程式 $v = \dfrac{s}{\frac{1}{3} \times 80}$ 代入 s / v，从而可得：

$$t = s / v$$

$$= \frac{1}{3} \times 80$$

$$= 26 \text{分钟} 40 \text{秒}$$

事实上，我们确实无法计算出水流的速度 a 和船在静水中的速度

v。但这道谜题也没有要求我们求解出这两个速度。

82 ）在站台上与火车转瞬即逝的邂逅

这列火车的长度为140米。

从火车头到达站台开始算起，到火车尾离开站台结束，总共用时26秒。整列火车从一个固定点驶过需要7秒。

因此，从火车头到达站台，而后穿过整个站台到达站台尽头，总共需要26 – 7 = 19秒。因为站台全长为380米，这列火车的速度为：

$$380 ÷ 19 = 20 米 / 秒$$

如果整列火车通过一个固定点需要7秒，就可以得到这列火车的长度为：

$$7 × 20 = 140 米$$

83 ）用最快的速度到达目的地

父女俩最快在6小时40分钟后到达目的地。

解决这道谜题并不需要很复杂的技巧，我们可以设立两个方程式来求解。假设一开始由这位女士骑自行车，她的父亲跑步。其实他们之间也可以互换，只要各自骑车和跑步分别完成的路程不变，总时间就不会发生改变。

我们假设这位女士骑自行车完成的路程长度为a，跑步完成的路程长度为b。则她父亲跑步完成的路程长度为a，骑自行车完成的路程长度为b。因此，下列方程式一定成立：

$$a + b = 60$$

由于这位女士和她父亲同时出发，并且同时到达目的地。因此，下列方程式一定成立：

$$\frac{a}{6} + \frac{b}{12} = \frac{a}{12} + \frac{b}{8}$$

应用公式"时间 = 路程 ÷ 速度"，求解上述方程组，可得：$a = 20$，$b = 40$。这两段路程的单位都是千米。因此，行进的总时间为：

$$t = \frac{20}{6} + \frac{40}{12} = \frac{80}{12} = 6\frac{2}{3}$$

$t = 6$ 小时 40 分钟

84）狗追模型火车

狗跑动的距离约为 120.7 米。

这道谜题可能会让人困惑，因为题干里涉及太多未知数：狗跑到火车头需要跑多远距离？狗的速度是多少？火车的速度是多少？

但实际上，只需要一个未知数，这道谜题就能迎刃而解。我们把整个过程分成两个时间段：第一个时间段是从狗和火车同时开始运动算起，到狗跑到火车头的时刻为止；第二个时间段是从狗折返往火车车尾跑算起，到狗跑到车尾的时刻为止。

因为狗和火车的速度都恒定不变，所以在第一个时间段里，狗跑过的距离与火车行驶距离的比值，和第二个时间段里的距离比值相同。

假设在第一个时间段里，火车行驶的距离为 x。直到狗到达火车头，这段时间狗一共跑了（$50 + x$）米。

因为在第一个时间段里，狗跑离了起点（$50 + x$）米，当狗跑回到车尾时，火车正好已经离开了起点 50 米，所以在第二个时间段里，狗往车尾跑了 x 米。

在第二个时间段里，火车行驶的距离为（$50 - x$）米，因为它在这两个时间段里总共向前行驶了 50 米。因此，下面列出的关于两个时间段距离的比值的方程式一定成立：

$$x \ : \ (50 - x) = (50 + x) \ : \ x$$
$$x^2 = 2500 - x^2$$
$$x^2 = 1250$$
$$x = 35.35\cdots$$

狗总共跑动的距离约为 $x + (50 + x) = 120.7$ 米。

这两位女士的速度比是61 : 59。

这道谜题的解法比想象的要简单。我们用 a 和 b 分别表示两位女士的速度，单位为圈数每分钟，这会让计算过程容易许多。

在第一次训练中，两人都跑了1分钟，并且共同完成了1圈。因此，下列方程式一定成立：

$$a \times 1 \text{分钟} + b \times 1 \text{分钟} = 1 \text{圈}$$

为方便计算，我们把方程式中的单位省略，可得：

$$a + b = 1$$

在第二次训练中，两人都跑了60分钟，并且其中一位女士比另一位多跑1圈。因此，下列方程式一定成立：

$$60 \times a = 60 \times b + 1$$

现在，我们将第一个方程式变形为 $b = 1 - a$，并将其代入第二个方程式中，可得：

$$60 \times a = 60 \times (1 - a) + 1$$

$$120 \times a = 61$$

$$a = 61 / 120$$

将 $a = 61 / 120$ 代入 $a + b = 1$，可得：

$$b = 59 / 120$$

因此，这两位女士的速度比是61 ： 59。

86）自行车会发生什么？

自行车的车轮会向后滚动。

这道谜题算是"老演员"了，在很多解谜书中都亮过相，甚至有时还伴随着错误的解答。我起初也完全不相信自行车的车轮会向后滚动，我认为它是不会移动的。但后来我用一段绳子做了个实验，惊讶地发现：是的，自行车的车轮真的会向后滚动！尽管我们像正常前进时那样踩动脚踏板，但车轮却无法向前滚动，这是因为中轴牙盘的齿轮通常比后轮轴上的齿轮大得多。当牙盘转动一圈时，根据两个齿轮的传动比，链条会带动整个后轮旋转 2 ~ 3圈。

在前进过程中，下方的脚踏板相对于自行车是向后移动的，而自行车整体是向前移动的。由于传动比很大且后轮直径较大，下方的脚踏板相对于地面总是向前移动的——尽管速度没有自行车向前移动得那么快。因此，踩动下方的脚踏板使自行车向前移动是不可能的。

那么，自行车会发生什么呢？它的车轮是不动还是会向后滚动？

事实上，它的车轮会向后移动，并且脚踏板也会向后转动。这并不容易理解。我在数学家乔治·哈特（George Hart）上传的一个视频中找到了更直观的解释。

在自行车向前移动的时候，无论脚踏板是处于上方还是下方，相对于地面，脚踏板总是向前移动的。然而，如果脚踏板向后移动，并且自行车的车轮向后滚动，那么（在没有飞轮——也就是固定器的自行车上也能实现），脚踏板相对于地面会持续向后移动。哈特在他的视频中通过将一个自行车向前移动的片段倒放，直观展现了自行车向后移动的本质，令人印象深刻。

还有一种情况，踩动脚踏板时，自行车的车轮不会向后滚动，而是向前滚动。那就是中轴牙盘的齿轮和后轮轴上的齿轮传动比非常非常小的时候，脚踏板相对于自行车的向后移动大于自行车整体的向前移动。

87）三块欧元，三个骰子

这个游戏是不公平的，长远来看，对赌场更有利。赌场的经营者与大多数游客不同，他们都是非常精于计算的。

假设有六名玩家在玩掷骰子游戏。每名玩家都下注1欧元，且押注的点数都不相同，那么就会出现三种不同的情况。

1.如果三个骰子掷出来的点数都不一样，那么有三名玩家将会收回他们押的赌注并赢得额外的1欧元。其他三名玩家将会每人失去1欧元。在游戏开始前，这六名玩家一共有6欧元；游戏结束后还是共有6欧元。在这种情况下，游戏是公平的。

2.如果三个骰子掷出来的点数中有一个点数出现两次，另一个点数出现一次，那么有四名玩家将会失去他们押的赌注。而有一名玩家将会赢得2欧元，另一名玩家将会赢得1欧元。游戏结束后，这六名玩家总共只有5欧元了，合计损失1欧元。

3.如果三个骰子掷出来的点数中有一个点数出现了三次，那么有五名玩家将会失去他们押的赌注。而有一名玩家将会赢得3欧元。游戏结束后，这六名玩家合计损失2欧元。

综上所述，这个游戏是不公平的，因为只有在上述三种情况中的一种情况下，玩家和赌场赢钱的概率才是均等的。一旦有一个点数出现两次或三次，赌场就会赢钱。而且，由于一个点数出现两次或三次的情况会不断发生，所以对赌场更有利。

88）一张CD可以穿过比它小得多的孔吗？

这张CD确实可以通过正方形开口。不过，你需要非常巧妙地折叠这张A4纸。

解决这道谜题的诀窍在于：通过折叠和弯曲纸张，将正方形的两条邻边在空间中的夹角（原本为90°）增大，直到夹角达到180°。这样就形成了一个长度为正方形边长两倍的缝隙，也就是2×7=14厘米。通过这个缝隙，直径为12厘米的CD就可以穿过了。

至于如何巧妙地折叠这张纸，请参见下面的示意图。

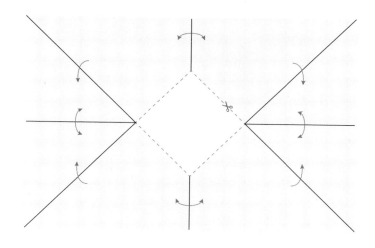

89）用一根意大利面如何组成一个三角形?

用这三段意大利面组成一个三角形的概率为1/4。

显然，这三段意大利面的任何一段都一定不能超过意大利面原始长度的一半，因为三角形的任意两边长度之和总是大于第三边。

分成三段的意大利面意味着有两个折断点。为了简化解题过程，我们假设这根意大利面的长度为1。x轴坐标表示第一个折断点的位置，y轴坐标表示第二个折断点的位置。因此，两个折断点的位置都可以在0到1之间。下页示意图直观地展现了意大利面的两个折断点可能出现的所有位置。

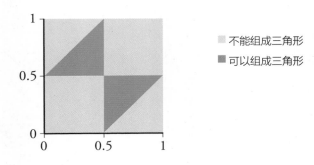

图例：
- 不能组成三角形（浅灰色）
- 可以组成三角形（深灰色）

　　如果两个折断点的位置都靠近其中一端，即在坐标上都小于0.5或者都大于0.5，那么在这三段意大利面中，有一段的长度必然大于0.5。如此，这三段意大利面就无法组成一个三角形。这些情况在上面的示意图中用两个灰色的正方形（位于左下和右上）表示。

　　为了能让这三段意大利面组成一个三角形，一个折断点必须在0到0.5之间，另一个折断点必须在0.5到1之间。

　　然而，即使到这步，也并非所有的折断方式都能满足要求。两个折断点之间的距离不能大于0.5，否则折断点中间的这段意大利面的长度将会大于其他两段意大利面的长度之和，从而无法组成三角形。如果x在0到0.5之间，那么y就不能大于$x + 0.5$；如果x在0.5到1之间，那么y就不能小于$x - 0.5$。

　　在上面的示意图中，粉红色区域表示可以组成三角形的x和y的取值范围[1]。所以，灰色区域则表示无法组成三角形的取值范围。粉

[1]　上面已经说明可以组成三角形的两种情况：当$0 \leqslant x \leqslant 0.5$时，$0.5 \leqslant y \leqslant 1$并且$y \leqslant x + 0.5$，根据一次函数的性质，这三个限制条件体现在上面的示意图中就是左上角的粉红色三角形；当$0.5 \leqslant x \leqslant 1$时，$0 \leqslant y \leqslant 0.5$并且$y \geqslant x - 0.5$，根据一次函数的性质，这三个限制条件体现在上面的示意图中就是右下角的粉红色三角形。

红色区域占总面积的1/4，也就是我们要求解的答案。

90）一个巨大无比的数和两个不能整除它的数

这两名学生的编号是127和128。

要解开这道谜题，我们只需要应用"算术基本定理"：每个大于1的自然数都可以表示为有限个质数的乘积，只要它本身不是质数。

经过思考，我们能发现这两名学生的编号不可能小于100。原因很简单：对于任意一个小于100的数字，在100到200之间一定存在这个数字的整数倍。对于任意一个较大的数字A，如果数字B不能整除数字A，那么数字B的整数倍一定也不能整除数字A。因此，如果有两名编号小于100的学生回答"否"，那么至少有两名编号大于100的学生也会回答"否"。这些大于100的编号都是这两个小于100的编号的整数倍。

但这些对我们的帮助有限。下面是完整的解题思路：对于两个连续的自然数，其中必然有一个数可以被2整除。也就是说，这两个编号中必然有一个是2的倍数，我们称其为n。事实上，n还一定是2的乘方数。因此，我们可以得出：

$$n = 2^i$$

如果n的因数中包含2以外的其他质因数，那么编号为n的学生就不可能回答"否"。这是为什么呢？

我们可以将 n 表示为质因数 2 的乘方数与另一个因数 k 的乘积，其中 k 不能分解出质因数 2（当然，k 也可以是一个大于 2 的质数）。因此，下列式子一定成立：

$$n = 2^i \times k$$

因为所有编号小于 n 或者 $n-1$ 的学生都会回答"是"，并且 2^i 和 k 都小于或者 $n-1$，所以教授在黑板上写的那个巨大数字分解出来的因数中，一定包含了 2^i 和 k（其中 k 不能分解出质因数 2）。那么，这个巨大的数字也一定可以被 $2^i \times k$ 整除，编号为 $n = 2^i \times k$ 的学生一定不可能回答"否"。

因此，我们所要求解的偶数 n 一定是 2 的乘方数。更准确地说：在 100 到 200 之间的最大的 2 的乘方数。在 200 以内，最大的 2 的乘方数是 128。

所以，第二名学生的编号要么是 128 的前一个数字，要么是 128 的后一个数字。129 显然不可能，因为 $129 = 3 \times 43$，教授在黑板上写的那个巨大数字一定可以被 3 和 43 整除（因为之前的人都会回答"是"），所以也一定能被 129 整除。

因此，第二名学生的编号只能是 127，而且它是一个质数。这样一来，我们就找到了答案。教授在黑板上写的那个巨大数字可以被 2^6 整除，但不能被 $2^7 = 128$ 整除，也不能被质数 127 整除。

91）聪明地提问

这位女士从包里拿出一沓扑克牌，从中随便抽出一张，连看都不看就直接将牌面朝向这位男士。

"这张牌是一张ACE[1]吗？"女士问男士。

当这位男士回答后，她立即翻转抽出的这张牌，随后就知道这位男士是否撒谎了。

此外，还有一些读者提供了其他思路，不需要耍扑克牌的伎俩。提的问题是：

"如果一个人和你不属于一个群体，这个人会称你为骗子吗？"

我们来分析一下这个提问：如果这位男士是骗子，那么问题中的这个人就是一个总说真话的人，从而实话实说称这位男士为骗子。因此，这个问题符合事实的答案为"是"。但是，由于这位男士是一个骗子，故而他会回答："不是。"

如果这位男士是一个总说真话的人，那么问题中的这个人就是一个骗子，从而会说假话，称这位男士为骗子。因此，这个问题符合事实的答案为"是"。但是，由于这位男士是一个总说真话的人，故而他会回答："是。"

然而，这种解题思路并不完全符合题目要求，因为在这两种情况下，这个问题符合事实的答案是相同的（都为"是"）。只是因为在第一种情况下，这位男士是一个骗子，所以他会回答"不是"。

---

[1] 即扑克牌各花色中的第一张牌，简称A牌。——编者注

我们需要对原题中的表述稍作改动，读者提供的这种方法才能得出符合题意的答案。我们将原题中的这段表述：

在这位女士提出问题时，她不能知道这个问题的正确答案，即与事实相符的答案。

修改为：

在这位女士提出问题时，她不能知道这个问题的答案。

但是，如果改成这样的表述，就会有一个更简单的解决方案——比如，这位女士可以直接问："1加1等于2吗？"骗子会回答："不是。"总说真话的人会回答："是。"

92）修改规则前，保罗赢的次数更多

玛莎通过以下策略，可以将她获胜的概率提高到50%。在最初版本的游戏规则下，保罗获胜的概率是75%。

首先，我们来看最初版本的游戏规则：每个随机数都有50%的概率小于0.5或大于（或等于）0.5。因为机器会生成两个随机数，所以会出现下列四种情况，每种情况出现的概率都是25%：

• 数字1小于0.5；数字2大于或等于0.5（保罗一定会赢）；

• 数字 1 大于或等于 0.5；数字 2 小于 0.5（保罗一定会赢）；

• 数字 1 和数字 2 都小于 0.5（保罗有 50% 的获胜概率）；

• 数字 1 和数字 2 都大于或等于 0.5（保罗有 50% 的获胜概率）。

根据上述四种情况中保罗的获胜概率，我们可以得到保罗的获胜概率是 75%[1]。

玛莎应该怎样做，才能把她的获胜概率提高到 50%？她从机器生成的两个随机数中选择那个离 0.5 比较近的数字，并且将这个数字显示给保罗。如果显示给保罗的那个数字与 0.5 的差值为 a，那么没有显示给保罗的数字只有两种情况：要么介于 0 到（0.5 – a），要么介于（0.5 + a）到 1。在第一种情况下，没有显示给保罗的数字比较小；在第二种情况下，没有显示给保罗的数字比较大。

保罗之前的策略就不再奏效了，因为他无法判断哪种情况的可能性更大。因为无论玛莎选择显示给保罗的数字是大于或等于还是小于 0.5，没有显示给保罗的数字都有 50% 的概率大于或小于玛莎选择的数字[2]。即使保罗完全理解了玛莎的策略，这对他也没有任何帮助。

---

[1] 保罗的获胜概率是这样计算出来的：100% × 25% + 100% × 25% + 50% × 25% + 50% × 25% = 75%，即分别计算这四种情况的概率，再把它们加在一起。

[2] 原因在于，没有显示给保罗的数字，要么在 0 到（0.5 – a）的区间内，要么在（0.5 + a）到 1 的区间内，无论 a 为何值，1 –（0.5 + a）= 0.5 – a。所以，没有显示给保罗的数字出现在 0 到（0.5 – a）的概率和出现在（0.5 + a）到 1 的概率是相同的。

93）用不同颜色的卡牌变戏法

最多需要交换十次卡牌。

首先，我们针对这道谜题进行通盘的考虑：每个牌组都由10张卡牌组成，因而每个牌组中至少有一种颜色的卡牌有4张或4张以上。为什么呢？如果一个牌组中每种颜色的卡牌最多只有3张，那这个牌组就不能够凑够10张卡牌了。

现在，我们根据不同的情况来分类讨论，先从最简单的情况开始。

• 在一个牌组中，一种颜色的卡牌有5张或5张以上。

在这种情况下，我们最多需要交换五次卡牌，就能让该牌组的所有卡牌都变成同一种颜色。剩余两个牌组中就只有另外两种颜色的卡牌了，在最坏的情况下，这两种颜色的卡牌在这两个牌组中各有5张。因此，我们要想让这两组卡牌保持同一种颜色，最多还需要再交换五次卡牌。因此，总共最多需要交换十次卡牌。

接着，我们来看第二种情况。

• 所有三个牌组中，每种颜色的卡牌最多有4张。

在这种情况下，我们要想将一个牌组中的所有卡牌都变成同一种颜色，必须交换六次卡牌。理论上，如果剩余两个牌组中另外两种颜色的卡牌各有5张，那么还需要再交换五次卡牌，总共需要交换十一次卡牌。不过，我们可以避免这种情况发生，下面就来展开分析一下。我们很快就能发现，某些特定的卡牌组合，我们甚至只需要交换九次卡牌。

我们来具体分析第二种情况。在第二种情况中，三个牌组中不同颜色的卡牌共有三种不同的组合：

1. 每个牌组都是一种颜色的卡牌有4张，另外两种颜色的卡牌各有3张。

2. 在一个牌组中，不同颜色的卡牌组合为4张、4张、2张；在另外两个牌组中，不同颜色的卡牌组合为4张、3张、3张。

3. 每个牌组都是两种颜色的卡牌有4张，另一种颜色的卡牌有2张。

在组合1中，我们要想将每个牌组中的所有卡牌都变成同一种颜色，只需要交换九次卡牌，具体请参见下面的示意图。

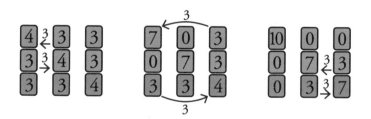

在组合2中，我们要想将每个牌组中的所有卡牌都变成同一种颜色，必须交换十次卡牌。这种卡牌组合可以有多种整理方式，这里只展示其中一种，具体请参见下面的示意图。

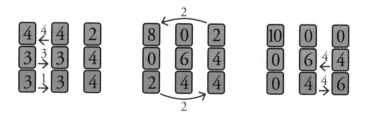

在组合3中，我们要想将每个牌组中的所有卡牌都变成同一种颜色，同样需要交换十次卡牌。这种卡牌组合也可以有多种整理方式，这里只展示其中一种，具体请参见下面的示意图。

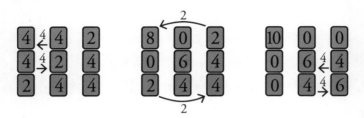

综上所述，我们就证明了要想将每个牌组中的所有10张卡牌都变成同一种颜色，最多需要交换十次卡牌。

94）令人惊奇的数字移位

这道谜题的最小自然数解是一个18位数字：

105 263 157 894 736 842

我们把要求解的数字表示为 $10 \times a + b$ 的形式——a 是一个有 n 位的自然数，b 是一个大于0的个位数——因此，这个数字就有（$n + 1$）位数。为了满足题目中的条件，下列方程式一定成立：

$$(10 \times a + b) \times 2 = 10^n \times b + a$$

$$20 \times a + 2 \times b = 10^n \times b + a$$

$$a = b \times \frac{10^n - 2}{19}$$

b是一个大于0的个位数，因此一定不能被19整除。由此可知，只有当（$10^n - 2$）能被19整除时，a才能是整数。要解出符合题意的最小自然数，我们应该先找到使（$10^n - 2$）能被19整除的最小自然数n，换言之，10^n除以19的余数必须是2。

这个问题并没有想象中的那么复杂。我们完全不必用巨大的10^n除以19来计算结果。既然已经知道10^n除以19的余数，只要将10^n除以19后的余数乘以10，再计算这个结果除以19的余数，就能轻松得到$10^n + 1$除以19的余数。

现在，我们先从$n = 1$开始，10^1除以19的余数是10。接着是$n = 2$，10^2除以19的余数是5。具体计算过程是：10^1除以19的余数乘以10，也就是$10 \times 10 = 100$。再用100除以19，就可以得到余数是5。

然后是$n = 3$。10^3除以19的余数是12。具体计算过程是：10^2除以19的余数乘以10，也就是$10 \times 5 = 50$。再用50除以19，就可以得到余数是12。

我们不断重复这个计算过程，直到余数是2。事实上，当$n = 17$时，这种情况就出现了，具体计算过程如下面表格所示（我借助Excel创建了这个表格，你也可以自己动手计算）。

10^n除以19的余数表（n取不同的值）

n的取值	10^{n-1}除以19的余数	10^{n-1}除以19的余数再乘以10	10^n除以19的余数
1	–	–	10
2	10	100	5
3	5	50	12

n的取值	10^{n-1}除以19的余数	10^{n-1}除以19的余数再乘以10	10^n除以19的余数
4	12	120	6
5	6	60	3
6	3	30	11
7	11	110	15
8	15	150	17
9	17	170	18
10	18	180	9
11	9	90	14
12	14	140	7
13	7	70	13
14	13	130	16
15	16	160	8
16	8	80	4
17	4	40	2

回到这道谜题中来：我们要求的是 $10 \times a + b$ 的最小自然数解，它是 $10^n \times b + a$ 的一半。为了满足这个条件，方程式 $a = b \times (10^n - 2) / 19$ 必须成立。

数字 a 是个位数字 b 与 $(10^n - 2) / 19$ 的乘积。a 为整数时，n 的最小自然数解是 17。因此，我们要求解的至少是一个 18 位数字。如果我们再求出 b 的最小自然数解，就能得到这道谜题的答案。

让我们先从 $b = 1$ 开始。对于 a，我们已经求解出来是个 16 位数字：

$a = 5\ 263\ 157\ 894\ 736\ 842$

如果把数字 b 添加到 a 的右侧，我们就可以得到数字移位前的17位数字：

$10 \times a + b = 52\ 631\ 578\ 947\ 368\ 421$

将这个17位数字乘以2，会得到一个18位数字：

$105\ 263\ 157\ 894\ 736\ 842$

计算到这儿，我们就会发现 $b = 1$ 并不符合要求，因为 a 必须有17位数字，所以 $10 \times a + b$ 一定会有18位数字，然后将数字 b 从最后一位移动到最前面，得到的新数字还是一个18位数字。当我们令 $b = 1$ 时：

$10 \times a + b = 52\ 631\ 578\ 947\ 368\ 421$

如果我们把数字 b 的最后一位移动到最前面，就必须在5前面添加一个额外的0，这样才能满足题目中的条件。

于是，我们再看 b 的一个更大的取值。当 $b = 2$ 时，我们就得到了这道谜题的答案——一个满足题目中所有条件的解：

$a = 10\ 526\ 315\ 789\ 473\ 684$（17位数）

$10 \times a + b = 105\ 263\ 157\ 894\ 736\ 842$（18位数）

$(10 \times a + b) \times 2 = 210\ 526\ 315\ 789\ 473\ 684$

综上所述，这道谜题的最小自然数解是一个18位数字，具体是：

105 263 157 894 736 842

95）咖啡桌上的公平

对两个人来说，事情很简单：第一个人将蛋糕切成两半，第二个人可以选择他想要的那一半蛋糕，另一半归第一个人。

这种情况的关键在于，第一个人会尽可能确保切出来的两部分蛋糕一样大，否则第二个人一定可以看出来并选择较大的那一部分。

现在，我们来讨论有 n 个人时的一般情况。策略当然不止一种。下面给出的策略，我个人觉得相当巧妙。

第一个人切下一块蛋糕，并认为其大小是整个蛋糕的 $1 / n$。然后，第二个人可以检查这块切下来的蛋糕。如果第二个人认为这块蛋糕的大小大于整个蛋糕的 $1 / n$，他可以从切下来的蛋糕上再切下来一小块。

无论第二个人是否切下一小块，接下来轮到第三个人。第三个人也检查这块切下来的蛋糕，并且可以从上面再切下来一小块，但是也可以不切。就这样一个接一个地重复这个过程，直到最后一个人，即第 n 个人。

第一个人切下来的那块蛋糕，可能经过一人或多人的再次切割，最终会归最后一个切分它的人所有。如果其他人都没有再行切分，那么第一个人就可以得到自己切下来的这块蛋糕——或其他人中的任意一个（因为所有人都觉得切下来的这块蛋糕是整个蛋糕的 $1/n$）。

这个过程会一直重复进行，直到整个蛋糕全部被切分完。这样就能确保每人都能得到一块蛋糕，并且在那些没有得到蛋糕的人看来，分走的每块蛋糕都不大于整个蛋糕的 $1/n$。

事实上，虽然有某个人或某些人可能会得到一块更大的蛋糕，但剩下的没有得到蛋糕的人都有机会防止这种情况发生[1]。

96）多一张卡片就能带来不同的结果

n 的最小值是 23。艾丽娅有 23 张卡片，这个数量可以实现题目中的卡片摆放要求；贝雅特莉克斯有 22 张卡片，这个数量无法实现题目中的卡片摆放要求。

当卡片数量是从 1 到 9 的个位数（$n < 10$ 的情况）时，按照题目要求摆放这些卡片完全没有任何困难。当 n 是两位数时，事情就开始变得有意思了。让我们先来看看 $n = 19$ 的情况。

卡片 1 以及卡片 10 到 19 都包含数字 1，总共有 11 张卡片，从中任取两张卡片都不能相邻，因为它们都包含数字 1。由于这 11 张卡片必须全部摆放上去，但任意两张卡片又不能相邻，所以这些卡片之间的 10 处空位上必须摆放不含数字 1 的其他卡片。

---

[1]　公平分割问题（Fair Division Problem）是数学、经济学和计算机科学中的一个经典问题，其目标是将资源（蛋糕、土地、财产等）在多个参与者之间进行分配，使每个参与者都认为自己得到了公平的份额。这道谜题涉及的是一种无嫉妒分割（Envy-free division）的问题。解决这类问题的研究既促进了数学和经济学的发展，也为现实中的资源分配提供了重要指导。

在这 19 张卡片中，卡片 2 到 9——总共 8 张卡片——可用来填补中间的空位。但并不足以填满 10 处空位。对于 $n = 19$ 的情况，这个卡片数量无法满足题目要求。同理可知，当 $n = 18$ 时也无法满足要求。但是，当 $n \leqslant 17$ 而且是个两位数时，都是可以实现的。

因此，我们将卡片数量设置到 19 以上，看看会发生什么。

在 $n = 20$，即总共有 20 张卡片的情况下，我们仍然需要填满 1，10，11，12，…，19 这些卡片之间的 10 处空位。但是，我们只有卡片 2 到 9 以及卡片 20——总共 9 张卡片可以使用，刚好差了一张。

在 $n = 21$，即总共有 21 张卡片的情况下，包含数字 1 的卡片又增加了一张。这样一来，在 1，10，11，…，19，21 这些卡片之间总共就有 11 处空位。但是，我们仍然只有 9 张卡片可以用来填补中间的空位，刚好差了两张。

在 $n = 22$，即总共有 22 张卡片的情况下，我们仍然差一张卡片来填满所有的 11 处空位。但是，在 $n = 23$，即总共有 23 张卡片的情况下，至少在理论上已经有了足够的卡片：卡片 2 到 9，卡片 20、22 和 23——总共有 11 张卡片可以用来填补 11 处空位。

下面的例子证明了在 $n = 23$ 的情况下，确实存在符合题意的卡片摆放方式：

1，2，10，3，11，4，12，5，13，6，14，7，15，9，16，20，17，22，18，23，19，8，21

因此，卡片数量 n 的最小值就是 23——艾丽娅可以实现题目中的卡片摆放要求；贝雅特莉克斯少一张卡片（22张卡片），刚好无法实现。

97）每位数字都是 1

与 13 相乘，使得乘积的每一位数字都是 1 的数字有无数个。其中，最小的乘数是 8547，它乘以 13 等于 111 111。

首先，我们来看一下，13 的倍数可能以哪些数字结尾：

乘数	结果	结尾数字
1	13	3
2	26	6
3	39	9
4	52	2
5	65	5
6	78	8
7	91	1
8	104	4
9	117	7
10	130	0

为使乘积的个位数字是 1，我们必须将 13 乘以 7。因此，7 就是我们所要求解的乘数的个位数字。按照这个规律，进而推导出乘数的每一位数字。同时，必须确保与 13 相乘的乘积的每一位数字都是 1。

13 乘以 7 等于 91。为使乘积的倒数第二位也是 1，所要求解的乘数的倒数第二位则必须是4。只有这样，乘数的倒数第二位与13相乘的乘积的个位数才能是2，这样一来，9和2相加刚好等于11，就能让这一位数字与13相乘的乘积的倒数第二位也是1。因此，所要求解的乘数的最后两位数字就是4和7。

47乘以13等于611。因此，所要求解的乘数的倒数第三位与13相乘的乘积的个位数必须是5，才能让乘积的倒数第三位也是1。因此，所要求解的乘数的倒数第三位就是5，所要求解的乘数的最后三位数字就是5，4，7。

547乘以13等于7111。同理可得，所要求解的乘数的倒数第四位必须是8。因为8与13的乘积的个位数是4，而4和7相加刚好等于11。

8547乘以13等于111 111。因此，我们已经得到所要求解的乘数的最小值了。

我们还可以根据8547这个解进一步推导出更多符合题目要求的答案。例如，我们将8547乘以1 000 000，然后再乘以13，得到的乘积是111 111 000 000。因为111 111 000 000和111 111相加等于111 111 111 111，所以我们简单地将8547乘以1 000 000，再加上8547，即8 547 008 547，就是大于8547的下一个符合题目要求的答案；8 547 008 547乘以13等于111 111 111 111。

使用同样的方法，我们还可以继续构造乘数，使得这个乘数与13的乘积是一个全部由1组成的18位数，或者是一个全部由1组成的24位数。任何全部由1组成的数字，如果它的位数能被6整除，那它就一定能被13整除[1]。

98）完美地分割

没有一条切割线比蛋糕的直径更短。

切割线的起点和终点都在蛋糕边缘，如果这两点之间的连线（直线）正好穿过蛋糕的中心点，那么很显然，切割线必须至少和直径一样长。原因很简单：这条切割线经过蛋糕边缘上的这两个点之间的最短距离相当于蛋糕的直径。

但是，起点A和终点B不一定在同一条直径上，这两个点的连线（直线）距离也可能更短。具体请参见下面左图的红色切割线。我们再画一条蛋糕的直径（黑色线），这条直径与A和B两点之间的连线平行。

无论如何，红色切割线都必须穿过蛋糕的直径。如果红色切割线完全在蛋糕直径的下方，那么它上方的那部分蛋糕肯定比下方的那部分大，这是不合题目条件的。我们将红色切割线与蛋糕直径（黑色线）最左边的交点记为P点。

---

[1] 参考答案所列的解题方法并非完全严谨的数学证明，而是采用了易于普通读者理解的巧妙思路。若要给出严谨的证明，我们需要重构要证明的内容。我们要证明全部由1组成的数字能被13整除，全部由1组成的数字可以写成（$10^n - 1$）/ 9 的形式，然后再应用费马小定理，即如果 p 是一个质数，且正整数 a 不能被 p 整除，那么一定有 $a^{p-1} = 1$（mod p），从而得到 $10^{12} = 1$（mod 13）。再构造 $n = 6k + r$，其中 k 和 r 是非负整数且 $0 \le r < 6$，找出 $10^n = 1$（mod 13）中 n 的最小值就能严谨地得出这道谜题的答案。

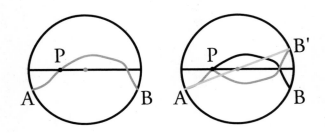

　　然后，我们以蛋糕直径（黑色线）为对称轴，画出红色线在P点右侧的部分轴对称图形，具体请参见上右图。B点也被对称到了蛋糕直径上方的B'点。新的红色切割线与原来的长度相同。它连接了A点和B'点，这两点之间最短的距离是圆的直径。因此，我们就证明了连接圆形蛋糕边缘上任意A、B两点的切割线，若要平分蛋糕，其长度至少与蛋糕的直径相等。

99）食堂里的运算游戏

　　塞尔玛一共带了9.54欧元。

　　我自己的解法有些复杂，而读者格哈德·福克斯（Gerhard Fuchs）提出了下面这种更简洁的方法：用三个大于0的个位数 a，b，c 来表示塞尔玛携带的钱，可以得到 abc，acb，bac，bca，cab，cba 六种组合。

　　假设初始组合是 abc，即塞尔玛刚进入食堂时身上的钱数，相当于她支付午餐的费用和剩余钱数的总和。对于这两个加数，只能是 bac，bca，cab，cba 或 cba 这五种组合。其中，可以先把 acb 排除。因

为 abc 等于 acb 加上第二个加数，第二个加数的整数位则会出现 0，这不符合题意。然后，bac 也可以排除了，因为 abc 等于 bac 加上第二个加数，则第二个加数的最后一位必须是 0，不符合题意。

下面我们对剩余三种情况进行分类讨论。

1. $abc = bca + cab$。

• 如果 $c = a + b$（最后一位相加没有进位），就会出现以下情况：

$a = b + c + 1$（第二位的 $c + a$ 一定会进一位）

代入 $c = a + b$ 可得：

$a = a + 2b + 1$（第二位的 $c + a$ 一定会进一位）——这是绝对不可能成立的！

• 如果 $a + b = c + 10$（最后一位相加进了一位），就会出现以下情况：

第二位——$b = c + a + 1$（没进位）或者 $b + 10 = c + a + 1$（进了一位）

代入 $a + b = c + 10$ 可得：$b = 2a + b - 9$ 或者 $b + 10 = 2a + b - 9$，进而推导出 $2a = 9$（$+ 10$）——算到这里就会发现违背了题目的条件，因为 a 必须是整数！

（括号中的"+ 10"是为了表示另外一种情况：运算第二位时 $c + a + 1 > 9$ 发生了进位。）

2. $abc = bca + cba$。

• 如果 $c = a + a$（最后一位相加没有进位），就会出现以下情况：

整数位——$a = b + c + 1$（第二位的 $c + b$ 相加一定会进一位）

代入 $c = a + a$ 可得：

$a = 2a + b + 1$（第二位的 $c + b$ 相加一定会进一位）——这是绝对不可能成立的！

• 如果 $a + a = c + 10$（最后一位相加进了一位），就会出现以下情况：

第二位——$b = c + b + 1$（没进位）或者 $b + 10 = c + b + 1$（进了一位）

代入 $a + a = c + 10$ 可得：$b = 2a + b - 9$ 或者 $b + 10 = 2a + b - 9$，进而推导出 $2a = 9$（$+ 10$）——算到这里就会发现违背了题目的条件，因为 a 必须是整数！

3. $abc = cab + cba$。

• 如果 $c = b + a$（最后一位相加没有进位），就会出现以下情况：

整数位——$a = c + c + 1$（第二位的 $a + b$ 相加一定会进一位）

代入 $c = b + a$ 可得：

$a = 2a + 2b + 1$（第二位的 $a + b$ 相加一定会进一位）——这是绝对不可能成立的！

• 所以只剩下最后一种情况了：$c + 10 = b + a$，按照上面的过程计算。

第二位：$b = a + b + 1$（没进位）或者 $b + 10 = a + b + 1$（进了一位）

在这两个方程式中，因为 a 是大于 0 的整数，$a + b + 1$ 一定大于 b，所以运算第二位时：$a + b + 1$ 一定大于 9，发生了进位，即第二个方程式成立，方程式左边的 b 应该加上 10，所以下面的方程式一定成立：

$b + 10 = a + b + 1$

解得：$a = 9$

将 $a = 9$ 代入 $2c + 1 = a$ 和 $c + 10 = b + a$，解得：

$c = 4$，$b = 5$

综上所述，塞尔玛口袋里的钱数 $abc = 4.95 + 4.59 = 9.54$ 欧元。

100）完美的逻辑

是的，这道谜题是可以通过严谨的逻辑解决的。游戏主持人总共可以听到阿莱娜回答四次"否"，还可以听到贝拉回答三次"否"。接着，主持人听到了第八个回答，即贝拉的回答"是"。

这道谜题的难度非常大。我最初给了一个参考答案，但后来对其产生怀疑，于是就撤回了它。如果阿莱娜和贝拉能够仔细思考她们二人所知道的信息以及共同知道的信息（共同知识[1]），就完全可以解决这道谜题了。

在与多位读者展开长时间的交流后，这里我给出一个自认为相对容易理解的思路。

解题过程如下：如果 a 表示阿莱娜额头上贴的数字，b 表示贝拉额头上贴的数字，则 a 加 b 要么等于24，要么等于27，且 a 和 b 都是正整数。

我们不要直接从 $a = 12$，$b = 12$ 的情况开始分析，先分析其他数字组合，看看需要多少步才能够解决。再通过分析其他数字组合的思路，逐步类推到 $a = 12$，$b = 12$ 的情况。

最简单的情况是：$a = 3$，$b = 24$。阿莱娜看到贝拉额头上贴的数字是24。由于 a 与 b 的和必须是24或27，且 a 和 b 都是正整数。因

---

[1]　共同知识（Common Knowledge）是逻辑论和博弈论中的一个重要概念。它描述的是某些信息不仅是每个个体都知道的，而且每个个体都知道其他个体也知道这个信息，并且每个个体都知道其他个体也知道他们知道这个信息，以此类推。在解决实际问题的过程中，利用共同知识可以帮助参与者推理和做出决策。

此，只有 $a = 3$，$b = 24$ 是符合题意的答案。于是，阿莱娜就可以回答"是"了。

接下来的一种情况是：$a = 3$，$b = 21$。阿莱娜看到贝拉额头上贴的数字是21，从而知道自己的数字 a 是3或6，因此只能回答"否"。贝拉看到阿莱娜的数字是3，所以自己的数字 b 是21或24。但是，如果 $b = 24$，阿莱娜看到后就会回答"是"而非"否"了。因此，贝拉就能推断出 b 一定是21，她就可以回答"是"了。游戏主持人听到的回答依次是"否—是"。

接下来的一种情况是：$a = 6$，$b = 21$。阿莱娜看到贝拉额头上贴的数字是21，从而知道自己的数字 a 是3或6，因此只能回答"否"。贝拉看到阿莱娜的数字是6，所以自己的数字 b 是18或21，因此只能回答"否"。现在，又轮到阿莱娜了。如果是 $a = 3$，$b = 21$ 的情况，那么贝拉在第一次回答的时候就会回答"是"——具体请参见上面分析的情况2。因此，通过贝拉回答"否"，阿莱娜就能够推断出 a 一定是6，于是她就可以回答"是"了。游戏主持人听到的回答依次是"否—否—是"。

接下来的一种情况是：$a = 6$，$b = 18$。阿莱娜看到的数字是18，从而知道自己的数字 a 是6或9，因此只能回答"否"。贝拉看到阿莱娜的数字是6，所以自己的数字 b 是18或21，因此只能回答"否"。阿莱娜没有获得新的信息，继续回答"否"。但是，贝拉已经能够推断出 b 一定是18，可以回答"是"了。为什么呢？从贝拉的角度来分析，b 可能是18或21。如果 $b = 21$，阿莱娜在第二次回答的时候，就会回答"是"——具体请参见上面分析的情况3。但是，阿莱娜继续回答的是"否"，因此，贝拉就能够推断出 b 一定不是21，只能是18。游戏主持人听到的回答依次是"否—否—否—是"。

接下来的一种情况是：$a = 9$，$b = 18$。从阿莱娜的角度来分析，情况与上面分析的情况4是相同的。她看到的数字是18，从而知道 a 是6或9。贝拉看到的数字是9，从而知道 b 是15或18。贝拉在第二次回答的时候，不能回答"是"。因此，阿莱娜就能够推断出贝拉看到的数字一定不是6，而是9。游戏主持人听到的回答依次是"否—否—否—否—是"。

接下来的一种情况是：$a = 9$，$b = 15$。从贝拉的角度来分析，情况与上面分析的情况5是相同的；但从阿莱娜的角度看则有所不同。阿莱娜在第三次回答的时候，继续回答的是"否"。因此，贝拉就能够推断出阿莱娜看到的数字一定不是18，而是15。游戏主持人听到的回答依次是"否—否—否—否—否—是"。

接下来的一种情况是：$a = 12$，$b = 15$。从阿莱娜的角度来分析，情况与上面分析的情况6是相同的；但从贝拉的角度看则有所不同。贝拉在第三次回答的时候，继续回答的是"否"。因此，阿莱娜就能够推断出贝拉看到的数字一定不是9，而是12。游戏主持人听到的回答依次是"否—否—否—否—否—否—是"。

接下来的一种情况是：$a = 12$，$b = 12$。从贝拉的角度来分析，情况与上面分析的情况7是相同的；但从阿莱娜的角度看则有所不同。阿莱娜在第四次回答的时候，继续回答的是"否"。因此，贝拉就能够推断出阿莱娜看到的数字一定不是15，而是12。游戏主持人听到的回答依次是"否—否—否—否—否—否—否—是"。

然而，我们很容易就能对这个解题过程提出质疑。下面给出的论述听起来很有道理，也曾让我一度十分信服。它讨论的是"阿莱娜和贝拉实际上并不能够根据对方的回答获取任何有价值的信息"。

两个人看到的数字都是12。因此，她们就能推断出自己额头上贴的数字要么是12，要么是15。对方看到的数字可以让对方推断出自己额头上贴的数字，要么是12或者15（如果是12的情况），要么是9或者12（如果是15的情况）。

无论对方看到什么，她们都只能回答"否"，并且二人也都知道这一点。因此，从她们反复回答的"否"中，二人并不能获得任何有价值的信息。所以她们会无限重复地回答"否"，二人都将无法推断出自己额头上贴的数字。然而，这段论述并不是正确的。

致谢

自 2014 年 10 月以来，我每周末都会在《明镜》周刊网络版上发布"每周谜题"。只有在极少数情况下，我才会完全自主地设计一道谜题。更多时候，我都是在筛选谜题，然后进行改编和微调，有时也会予以简化。做这些改动，最重要的标准就是让谜题尽可能显得精致。对我来说，这意味着每道谜题都不需要长篇累牍的描述，并且生搬硬套的套路是不管用的。在理想情况下，每道谜题都会有一个精妙、简洁的解决方法，足以让人事后感叹：这题竟然如此简单，为什么我自己就没有想到呢？

我的谜题灵感多源于互联网。我用来收集各类谜题的网站就有几十个；奥林匹克数学竞赛或袋鼠数学竞赛的试题也给了我不少启发。此外，读者们也经常向我提出有趣的建议。

还有一些谜题是我从各种书籍中了解到的，比如亨利·欧内斯特·杜登尼（Henry Ernest Dudeney）、塞缪尔·洛伊德（Samuel Loyd）、马丁·加德纳（Martin Gardner）、彼得·温克勒（Peter Winkler）、皮埃尔·贝罗坤（Pierre Berloquin）以及海因里希·亨默（Heinrich Hemme）等人的著作。很多时候，好的谜题就跟好玩的段子一样，在人们之间口口相传，具体出处已经无从考证了。在此，我衷心感谢所有给我带来灵感与启发的谜题创作者、传播者和读者朋友们，是你们的智慧结晶让这本书变得更加丰富多彩、充满乐趣。